全世界孩子最喜爱的大师趣味科学丛书⑨

趣味魔法数学

ENTERTAINING MAGIC MATH

〔俄罗斯〕雅科夫·伊西达洛维奇·别莱利曼◎著　焦　晨◎译

U0391455

中国妇女出版社

图书在版编目（CIP）数据

趣味魔法数学 / (俄罗斯) 别莱利曼著；焦晨译
. -- 北京：中国妇女出版社，2018.1（2024.6重印）
（全世界孩子最喜爱的大师趣味科学丛书）
ISBN 978-7-5127-1557-8

Ⅰ.①趣…　Ⅱ.①别…②焦…　Ⅲ.①数学—青少年
读物　Ⅳ.①O1-49

中国版本图书馆CIP数据核字（2017）第287406号

趣味魔法数学

作　　者：〔俄罗斯〕雅科夫·伊西达洛维奇·别莱利曼　著　焦晨　译
责任编辑：应　莹
封面设计：尚世视觉
责任印制：王卫东
出版发行：中国妇女出版社
地　　址：北京市东城区史家胡同甲24号　　　邮政编码：100010
电　　话：（010）65133160（发行部）　　　65133161（邮购）
网　　址：www.womenbooks.cn
法律顾问：北京市道可特律师事务所
经　　销：各地新华书店
印　　刷：北京中科印刷有限公司
开　　本：170×235　1/16
印　　张：15.75
字　　数：200千字
版　　次：2018年1月第1版
印　　次：2024年6月第29次
书　　号：ISBN 978-7-5127-1557-8
定　　价：35.00元

编 者 的 话

　　"全世界孩子最喜爱的大师趣味科学丛书"是一套适合青少年科学学习的优秀读物。丛书包括科普大师别莱利曼、费尔斯曼和博物学家法布尔的10部经典作品，分别是：《趣味物理学》《趣味物理学（续篇）》《趣味力学》《趣味几何学》《趣味代数学》《趣味天文学》《趣味物理实验》《趣味化学》《趣味魔法数学》《趣味地球化学》。大师们通过巧妙的分析，将高深的科学原理变得简单易懂，让艰涩的科学习题变得妙趣横生，让牛顿、伽利略等科学巨匠不再遥不可及。另外，本丛书对于经典科幻小说的趣味分析，相信一定会让小读者们大吃一惊！

　　由于写作年代的限制，本丛书的内容会存在一定的局限性。比如，当时的科学研究远没有现在严谨，书中存在质量、重量、重力混用的现象；有些地方使用了旧制单位；有些地方用质量单位表示力的大小，等等。而且，随着科学的发展，书中的很多数据，比如，某些最大功率、速度等已有很大的改变。编辑本丛书时，我们在保持原汁原味的基础上，进行了必要的处理。此外，我们还增加了一些人文、历史知识，希望小读者们在阅读时有更大的收获。

　　在编写的过程中，我们尽了最大的努力，但难免有疏漏，还请读者提出宝贵的意见和建议，以帮助我们完善和改进。

目 录

Chapter 1　举世奇迹 → 1

Chapter 2　数字巨人 → 43

Chapter 3　不是不可能 → 83

1

Chapter 7　神奇的数字 → 171

Chapter 8　假象 → 183

Chapter 9　魔法实验 → 193

Chapter 10　有趣的计算 → 203

Chapter 11　猜猜看 → 227

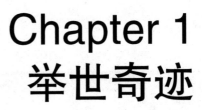

Chapter 1
举世奇迹

海报广告

儒勒·凡尔纳（1828～1905），法国著名小说家、剧作家及诗人，被称为"科幻"小说之父，代表作有《格兰特船长的儿女》《海底两万里》《神秘岛》《气球上的五星期》《地心游记》等。

我从来没有跟任何人说过这本书里发生的事情。知道秘密那年我12岁，一个标准的中学生，向一个同龄的男生发誓绝不说出这个秘密。

这么多年我一直保守着这个秘密。但是现在我将公开它，原因我在后面慢慢跟你说。那么现在，就从头开始跟你介绍吧。

一提到这个，我脑海中就展现出一幅海报，那是一张巨大的彩色画报。

我正步履匆匆地走在回家的路上，毕竟还有 儒勒·凡尔纳 的《地心游记》等着我看。道路两旁，我看到一张巨大的海报，上面花花绿绿地描述一些很神奇的事情。

《举世奇迹》将要来我们这里表演啦！

举世奇迹

12岁的男孩菲利克斯拥有很多超群的能力。

Ⅰ.记忆力无人能敌!

观众随便说出个单词,菲利克斯都能一字不落地背下来,并且观众各种要求的次序,他都能准确地重复,连每个单词的序号都完全正确。这个演出在全国范围内都获得了无与伦比的成功!!!

Ⅱ.你的心思将被完全猜透!

在眼睛被蒙上的状态下,菲利克斯能够猜到你内心所指的东西以及你衣服口袋里的东西。观众将选出特别代表对整场演出进行公证监督。每个人都认为这是个真诚而无欺骗的行为。

举世奇迹!

突然背后传来一个不可置疑的声音："胡言乱语！"

我回头一瞧：一个个子很高的同学正看着这张海报，他还是个留级生，这个傻大个儿称所有人都是"小不点儿"。

"瞎说，胡言乱语！"他又重复一遍，"这难道不是花钱请别人戏弄自己吗？"

"又不是每一个人都会被骗，"我说，"聪明的人怎么可能会被愚弄。"

"可是你会被骗。"傻大个儿说话很直截了当，他也不想搞明白谁是我说的那种聪明人。

我被他那不屑的口气激怒了，这让我更加铁了心要去看看这演出，而且我将一直保持着高度警惕，毫不大意。就算有人真的被欺骗了，我也不可能成为他们其中之一。聪明人绝不可能会被这样戏耍。

因为我那少得可怜的钱买不到最佳视角的位子，只能坐到距离舞台很远的地方，所以我极少去城市剧场看演出。即使那时候我的视力非常棒，能够看清舞台，却无法清晰地看到那个拥有超凡能力的男孩的脸颊，但我竟然觉得我曾经见过这个男孩。

那个小男孩跟着一个中年男人出场了，简单地与观众互动了一下后便开始表演"记忆法"。演出的准备极其充分。我暂且叫那个中年男人魔术师，他把小男孩的两只眼睛蒙住，让他坐在舞台中心并将身子转过去以背对观众。

为了验证演出并没有弄虚作假的行为，他们还请了几位观众到舞台上近距离观察。

之后魔术师拿着一个有很多纸卡的文件袋走下了舞台，他不停

穿梭在后面的座位间，随机请观众写下他们想到的东西。

　　"菲利克斯将会准确地说出你写的这些单词的序号，所以你一定要记住这些顺序。"魔术师提醒。

　　"嘿，哥们儿，你也写几个单词呗？"魔术师笑着对我说。

　　虽然我一下子想不出来要写些什么，但是这突然而来的请求还是让我很兴奋。

　　"快点儿写吧，别耽误时间！如果想不出写什么那就写铅笔刀、雨、火灾吧。"旁边儿的姑娘催促我。

　　我只好尴尬地将这三个单词写到了68、69、70这三张纸卡的后面。

　　魔术师一边重复着"大家一定要牢记自己单词的序号"，一边向着别的座位走去，继续邀请大家添补新单词。

　　终于，魔术师大声宣布："100个单词已经全部收集到了，谢谢大家！"紧接着表演就开始了。"各位请听好！我现在从第一个到最后一个单词按顺序朗读一遍，菲利克斯就能准确地记住所有的单词，以及它们所处的位置，他甚至可以根据大家的要求用任何顺序把这些词重复出来，比如按顺序、倒序，隔一个或隔三五个。那么现在开始！"

　　"镜子、手枪、灯泡、车票、拾到的物品、马车夫、望远镜、天平、楼梯、肥皂……"魔术师一个接一个地读完单词，未作任何评论。

　　朗读一会儿就结束了，但是我觉得单词就像是无穷无尽的。快到读完了时，我才发现100个单词居然要念这么长时间，真是难以置信。如果能把这些单词都记住，真是超出人的能力范围。

"胸针、别墅、糖果、窗户、烟卷、雪花、小链子、铅笔刀、雨……"魔术师不紧不慢地朗读着每个单词，自然也包括我的。

那个男孩背坐在舞台上一动不动，跟睡着了一样。他真的能把所有的单词一字不落地背诵出来吗？

"椅子、剪刀、吊灯、邻居、星星、帷幕、橙子。结束！"魔术师读完了所有内容，"现在，我将从在座的观众中选出几位作为公证人，对着我这张单词表来验证菲利克斯的重复是否完全正确并向大家宣布。"

我们学校的高年级学生"小矮个儿"成为三个监督员之一，他可是一向谨小慎微。

"大家注意了，"那些所谓的公证员拿到单词表就座之后，魔术师立刻宣布，"请公证员仔细留意单词表，现在就请菲利克斯从第一个背诵到最后一个。"

喧闹的礼堂顿时安静下来，远远地从舞台上传来菲利克斯清晰的声音：

"镜子、手枪、灯泡、车票、拾到的物品……"

菲利克斯自信、从容不迫、滔滔不绝地背出了100个词组，犹如在按照课本读词组一样。我诧异地一会儿看看坐在远处舞台上背朝观众的菲利克斯，一会儿又看看三位立在观众席椅子上的监督员。我期盼着在菲利克斯背出某一个词组的时候能听到一句"错误"的声音。但是，监督员们都在全神贯注、目不

转睛地注视着词组表。

菲利克斯连续不断地背诵着包含我所写的三个词组在内的所有词组（至于那三个词组的顺序是不是68、69、70，我不得而知，因为我一开始就没有想着从前至后地考证所有词组的先后次序）。小男孩不假思索地继续背着词组，一直到背完"橙子"这最后一个词。

"没有一个不对，全部准确无误！"一名职业是炮兵的监督员向观众公布。

"观众们能否让菲利克斯以倒着或者间隔三五个词组，又或者从一个特定词组背到另一个等方式来背这些词组呢？"

观众席中一阵喧哗："中间隔7个！……所有偶数……每隔两个，每隔三个！……倒着背前半部分！……从第37个到最后！……所有奇数！……6的倍数！……"

"我听不清楚，请各位不要一起发言。"魔术师恳切地说着，尝试着控制住喧闹声。

"从第73个到第48个。"坐在我前面的水兵高声吵嚷着。

"没问题。请注意！请注意！菲利克斯，请从第73个词组开始，背到第48个。请各位监督员注意与答案进行核对。"

菲利克斯立即着手按照从第73个到第48个的次序背起了词组，并且正确地背出了全部词组。

"在座的观众能否让菲利克斯说出任意一个指定词组的次序？"魔术师问道。

我鼓起勇气，面红耳赤地高声呐喊："铅笔刀！"

"第68个！"菲利克斯随即答复道。

词组次序回答得完全准确！

菲利克斯紧接着又精确无误地回答了来自观众席各个角落的各个问题：

雨伞—第83

糖果—第56

手套—第47

手表—第34

书—第22

雪花—第59

……

当魔术师宣告第一节的表演结束时，观众席的人们高声呐喊着菲利克斯的名字，并且伴随着经久不息的掌声。

腹语

我被人拍了一下肩膀。一扭头看到了那个中学生，我认出来是三天前跟我一起看海报的那个。

"嘿，上当了吧，小朋友。"

"就好像你没被骗似的。"
我很生气。

"我怎么可能，我早就知道他们的把戏啦。"

9

"就算你知道了那么多，你还不是被骗了吗？"

"绝不可能，我对其中的把戏了解得清清楚楚。"

"你能知道什么呀？你能知道就怪了。"

"这叫作腹语，我对一切都了如指掌。"他深吸了一口气说出那个我听不懂的词。

"腹语是什么？"

"那个大叔是一个腹语表演者，他能用肚子说话呢。然后他就这么自问自答，用嘴来问，用肚子回答。但是观众却信以为真，就以为是菲利克斯在回答那些问题。那孩子实际上什么都没说，你没看到，他当时正在椅子上打着瞌睡呢。事实就是这样哦，那些把戏可骗不了我，小朋友！"

"等会儿，肚子怎么可能说话。"我满脸的不相信，但他已经走了，压根儿就没听到我说话。

我走到一个大厅里，那个大厅就在观众厅旁边，中场休息的时候，人们都在这里溜达。很多人围绕在监督员身旁，热火朝天地讨论着刚刚的演出。我驻足想探个究竟。

"第一，表演腹语的人完全不是那些天真的人想象得那样可以用肚子说话，"人群中一个炮兵说了话，"有些时候腹语表演者说话的声音就像是从他们身体里发出来的。其实，事实上他和我们没什么区别，都是用嘴和舌头在说话，但是他们没有用嘴唇。他最大的技巧就是在他说话的时候能保证嘴唇纹丝不动，这样脸上的肌肉也就不会颤动。大家可以仔细看，他说话的时候你们完全发觉不了，就算有一根燃烧的蜡烛在他嘴边，火焰都完全不会颤动，就因为他的呼吸特别的轻微。这样他根本没有改变自己的声音，大家会认为声音是从别的地方传过来的，就像是一个木偶或者别的东西在发出声音一样。腹语的秘密就在这里了。"

"远远不止，"一位长者从人群中站了出来，"腹语表演者还能用很巧妙的手段转移观众的注意力，能让大家认为声音来自其他的地方，这样观众的注意力就不在自己身上了，真正的说话者就被悄悄地掩藏起来……这就跟古代的巫师们的伎俩一模一样吧。"

"那就是说，这位魔术师竟然是一位腹语表演者？那么这场表演就能解释得通了吗？"

"恰恰相反，我认为这场表演可没有什么腹语。这只是我随口提的罢了，太多观众都认为它是腹语表演了，所以我要说明的是，这样的猜测毫无根据，简直就是捕风捉影。"

"那这到底是什么？除了腹语表演，它还能是什么呢？"人们看法很一致。

"这也太简单了。单词表可是在我们的人的手里：菲利克斯背诵那些词汇的时候，魔术师可看不到那些个单词。就算魔术师进行了腹语表演，可他不可能记得所有的单词。就算这孩子只是一个木偶，他什么话都不敢说，像一个木头人，就算他什么作用都起不到，那可想而知魔术师的记忆力需要多么可怕，所以不能用腹语表演来解读这样特殊的表演，不然只会误入歧途、混淆视听。既然是这样，那么我们就得承认，魔术师的表演方式是不是腹语已经不那么重要了。"

"那这一切要怎么解释呢？这真的是一个奇迹吗？"

"很明显，它根本就不是一个奇迹。但咱们又得承认自己真的脑子混乱了，根本想不出答案来解释这个表演到底是什么原理。"

意外的演出

短暂的中场休息，魔术师又开始准备一些匪夷所思的事情。

一个由底座和固定在上面的差不多有一个人高的木棍组成的支架被放到了舞台中央。然后魔术师要求菲利克斯站到椅子上面，再将木棍拿到靠近椅子的位置。接着将那孩子的右手臂放到了木棍顶部，之后再拿出一根木棍来撑住左臂。

完成了这些匪夷所思的准备工作，魔术师开始像施法术一般在那男孩的脸边做一些轻抚的动作。那些动作很明显却也没有摸到菲利克斯的脸颊。

"那孩子快被哄睡着了。"我后面的人眼睛很尖。

"这是一种催眠术。"我左边的一个女人说。

果然，菲利克斯被魔术师的催眠术弄睡着了，竟然闭着眼睛纹丝不动地站着。

更加不可思议的事情又发生了，魔术师接着把小男孩脚下的凳子抽走了，菲利克斯就这样悬在半空中，只有胳膊靠在两根木棍上。魔术师显然觉得这还不够，接着又把他左胳膊旁的木棍抽走了，即使如此，菲利克斯仍然纹丝不动地飘在空中，让全场都很惊讶。

"催眠术！"我旁边的女人大叫一声，"这样魔术师就可以随心所欲地摆弄菲利克斯了。"

事实结果证明了一切，她说对了，菲利克斯的身体被魔术师移动了一下，这样就让木棍和他之间产生了一个角度，然后菲利克斯的身体竟然一动不动地保持这样一个姿态，根本没有发生变化，就连重力

作用也完全消失了。然后，魔术师把小男孩的身体又转动了一下，从而让他仅用一个胳膊靠在木棍的尖端，就这样菲利克斯仍然能够神奇地悬挂在空中。

　　"这可算是个意外的演出了。"我旁边的观众很欣喜。

　　"什么叫意外的演出？"我很好奇。

　　"节目单上可根本没有这个节目啊。"

　　"这是什么意思，节目单上如果没有这个节目，那他在舞台上做这些干什么？"

　　"如果这是节目之外的演出的话，那肯定在节目单上没有，海报上自然也不会有，这就是我的意思啦。"

　　"到底是什么东西在保持着菲利克斯的平衡呢？"

　　"我看不清楚是用什么东西支撑起了那个小男孩，但我敢肯定就是有东西支撑着他，只是我们离舞台太远了。"

　　我左边的观众又插话了："还是我来揭晓答案吧，这是一种叫作催眠术的方法！不信你看，催眠之后无论你怎么折腾菲利克斯都没事儿。"

"简直胡言乱语，"我右边的观众表示反对，"这铁定用了道具，比如，绳子、透明的带子等，否则催眠后的人怎么可能悬得起来？"

魔术师为了打消大家的疑虑，用手在菲利克斯的身体上下比划了几下，显示男孩没有任何东西来支撑，透明的带子和绳子等道具也没有，就这么悬挂着。然后魔术师又将手从男孩的身体下方划过，同样也没有任何支撑的道具。

"我就说吧，这就是个非常普通的催眠术，你们瞧！"我左边的女士激动得想要证明她是对的。

"这绝对不是你所谓的催眠术，这只是一种魔术，没别的。只是魔术师们的一个戏法，他们的戏法可多了去了！"

菲利克斯的眼睛被魔术师蒙上了，而身体却依旧像躺在一张平整的床上一般悬挂在空中，魔术师宣布表演马上就要开始了。

心灵感应

魔术师向大家预告："现在菲利克斯被蒙着双眼，他仍然能够在大家的注视下猜出各位衣服里都有什么东西，像是衣兜、钱包什么的。请仔细观察这神奇的心灵感应术！"

我眼睛接下来所看到的东西简直让人难以理解，充满了惊奇，就像是魔法一般，看得我无比入神，屁股像黏在椅子上似的，如此着魔。

我尽力回忆那时的场景，回忆每个细节。

魔术师来到观众席不停地踱步穿梭，然后脚步停在了一个观众面前。魔术师请求观众随便掏出什么东西，只见一个烟盒从观众的兜里拿了出来。

"菲利克斯，请你来说说，我现在站在什么人的旁边？"

"他是一个军人。"菲利克斯不假思索地回答。

"没错，那他从兜里拿出了什么？"

"烟盒！"

菲利克斯与这位军人间隔

太远，以至于他根本不可能看清楚这位军人拿出的是个什么东西，更别说是一个微不起眼的烟盒了，更何况大厅里光线极其昏暗。可以说哪怕菲利克斯没有悬挂在半空中、没有被罩住眼睛，也不可能看清楚。

"非常好，继续猜，我从这位男士手中看到了什么东西呢？"魔术师继续发问。

"火柴。"

"正确！那现在呢？"

"眼镜。"

小男孩的回答竟然完全正确。

魔术师继续踱步，想要寻找下一个目标，最终他停在了一个学生

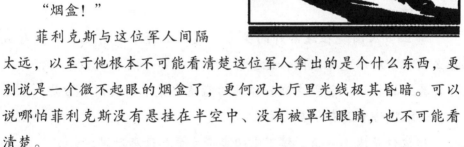

附近。

"菲利克斯，请说出我现在站在什么人的前面。"魔术师继续问。

"一个女孩。"

"正确！那请你继续告诉我，她递给了我什么东西呢？"

"一把梳子。"

"非常正确！那现在呢？"

"一副手套。"

所有的问题，菲利克斯都准确无误地回答出来了。

魔术师显然想再增加点儿难度，他悄悄地走到了另一个人的旁边，问道："现在，站在我旁边的是什么样的人呢？"

"他是一位文官！"

"正确！他拿了什么东西给我看？"

"他的钱包。"

那么多人围绕在魔术师的身旁，都在机警地盯着他，希望看出什么破绽。所以毫无疑问，这些答案都是那个小男孩说出来的，并不存在其他的托儿。菲利克斯好像真的能猜出魔术师的内心活动，很显然，这跟腹语术没有一点儿关系。

这仅仅是冰山一角，接下来的事情才更加匪夷所思。

"请继续回答，我从钱包里拿出了什么？"

"3个卢布。"

完全正确。

"那现在呢？我又拿出了什么？"

"10个卢布。"

"没错，那我现在手里拿着的是什么？"

"一封信。"

"那我又换到什么人的旁边去了呢？"

"一位大学生。"

"又答对了，那他给我什么东西了呢？"

"一份报纸。"

"没错。那你再猜猜看，我又从他那拿了什么？"

"一枚别针。"

菲利克斯就这样不假思索、没有停顿地回答出了所有答案。在这么紧张的氛围中

没犯一个错误，真是不可思议。

菲利克斯是绝对不可能从台上那么远的距离看到台下这么细小的一枚别针的。如果这一切不是谎言又会是什么？难道会是更加不可思议的超自然能力、先知、心灵感应？

回家后我仔细地思考着晚上发生的一切，哪怕是能有一丁点儿的想法都是好的。可惜我什么都没想到，就这样躺在床上，辗转反侧，内心久久不能平静。

楼上的男孩

演出结束两天之后的一个下午，我上楼回家，看到了不久前和一个老太太一起搬进楼上入住的小男孩。他们家的人寡言少语，不爱跟邻里沟通，自然认得他们的人少之又少，我也从没跟他们说过话，甚至连仔细观察那个孩子的机会都没有。

小男孩左手拿着煤油瓶、右手提着一个菜篮，一步一步地上楼梯。听到我的声响，回头看了我一眼。顿时，我惊讶得呆住了，这不就是菲利克斯吗？那个神奇的小男孩。

我就说那天表演的小男孩怎么那么面熟！

我一声不吭地盯着他，显然还是惊讶得说不出话。等我缓过来，吞吞吐吐地说："你好……欢迎你来我家玩哦……我收集了很多蝴蝶的标本……当然还有蛾子，挺有趣的……我还自己做了一台电机……嗯，用瓶子……电火花也很好看……有空常来哈……"

"那你会做带帆的小船吗？"

"抱歉，我没做过小船。但是我的罐子里有 北螈 ……我还有邮票呢，我收集了整整一本，有婆罗洲、冰岛等各种罕见的邮票。"

> 北螈是蝾螈的一个科，属于有尾两栖动物。

让我惊讶的是，菲利克斯痴迷于集邮，听我说到邮票两眼放光，我也顺利地达到了我的目的。

"你有很多邮票吗？"他一路小跑到我跟前。

"那当然，那些都是极其罕见的邮票呢，有尼加拉瓜的、阿根廷的、古代芬兰的等。今晚就来我家看吧。我就住在你家楼下，非常方便的。到时候按一下门铃我就出来，带你去我自己的房间。今晚老师布置的作业很少，我们可以畅聊。"

我们的第一次见面就是这么巧，他答应明天来我家里。第二天天黑时，他终于敲响了我家的门。我赶紧把他带进房间，展示出我的各种宝贝：有我收集的60个蝴蝶标本，那可是我花了两个夏天采集到的；还有我最引以为傲的——用啤酒瓶做的电机，我的朋友们特别羡慕；还有一罐子北螈，一共4只，是我去年夏天捉到的；一只玩具猫，叫谢尔科，毛茸茸的，会像小狗一样舔自己的爪子；最后就是这本集邮册了，班里的同学都没有我这么棒的集邮册。然而菲利克斯只对我这本集邮册感兴趣。他收集的邮票少得可怜，连我的$\frac{1}{10}$都不到。他向我解释为什么集邮那么困难：大把的邮票都能在商店里买到，可是他舅舅不会给他钱去买（原来菲利克斯是一个孤儿，他的父母都去世了，只能跟魔术师舅舅一起生活）。他不认识什么人，所以也没办法互换邮票。当然也没什么人认识他、给他写信。同样地，他的生活

也很不稳定，没有固定的住址，不停地搬家，从一个城市到另一个城市。

我很好奇地问他："你怎么会没有熟识的人呢？"

"不会有的，就算有认识的，刚认识没多久，我就要搬家到另一个城市，联系就这样中断了。我们从不回同一个城市，我舅舅不喜欢我跟别人做朋友。连我来你这儿都是偷偷过来的，现在他不在家，也不知道我来你这儿。"

"那你舅舅为什么不让你跟别人交往呢？"

"为了让我保守秘密，怕我说出去。"

"什么秘密这么重要？"

"当然是魔术的秘密了。如果我说出去了，就没人来看我们的演出了，知道演出的奥秘那还有什么趣味可言呢？"

"难道这些表演真的是魔术吗？"

菲利克斯沉默了。

我忍不住追问下去："你跟你舅舅的表演真的是魔术吗？对吗？"

菲利克斯一点儿都不想回答我的问题。他装作没有听到，一声不吭地看着我的集邮册，看都不看我一眼。

过了好一会儿，他终于开口说话了："阿拉伯的邮票，你有吗？"一边说着眼睛却仍然不离开集邮册，好像没听到我的问题。

这么轻易地让他告诉我答案是不可能的了，我就开始展示我的宝贝们。

那天晚上，从菲利克斯的口中，我没有得到任何能够解开《举世奇迹》的线索。

超凡记忆力背后的秘密

最终我还是成功地从菲利克斯的嘴里得到了他超凡记忆力的奥秘，达到了我的目的。在这里我就不一一详述我是如何得到他的信任，让他愿意说出秘密的。总之，我舍弃了12枚最罕见的邮票，换来他的答案，他还是没能抵挡住诱惑。

这件事发生在菲利克斯的家里。我按照约定的时间登门拜访，那时候他的舅舅早早就出门了。

在菲利克斯向我说出这个秘密之前，他一再要求我郑重发誓，不管遇到什么情况，我都坚决不能向任何人说出这个秘密。之后他开始拿出纸，在纸上画起了表格。

看得我一头雾水，不知道他想干什么，只能一会儿看看图纸一会儿抬头望望他，等着他的讲解。

菲利克斯开口了，很神秘地说道："你看到了吧，我们用字母代替数字。'H'代表数字'0'，因为'0'的第一个字母是'H'；或者用'M'来表示也可以。"

"那'M'用来表示'0'的原因是什么呢？"

"因为它们的发音很接近啊！但是数字'1'就要用'Γ'来表示，这又利用了它们写法接近的原理；或者用Ж表示。"

"那为什么用'Ж'来表示'1'啊，它们又有什么联系呢？"

"俄语中在发'Г'的音的时候稍微变化一下就成了'Ж'。"

"原来是这样。字母'Д'可以代替'2',因为'2'的首字母是'Д'。又因为'Т'和'Д'发音很接近,所以'2'也能被它代替。可奇怪的是,你们为什么用'К'来代替'3'呢?"

"这是因为'К'是由三笔写成的。而'Х'又跟'К'发音很接近,所以用它来表示'3'。"

"明白了。那么'4'用相对应的首字母'Ч'或者与之发音很接近的'Щ'代表;'5'用对应的首字母'П'或者跟它发音接近的'Б'代表;'6'用对应的首字母'Ш'代替。但为什么用'Л'表示'6'呢?"

俄语中数字对应的首字母:
数字"4"的首字母是"Ч"。
数字"5"的首字母是"П"。
数字"6"的首字母是"Ш"。
数字"7"的首字母是"С","С"与"3"发音相似。
数字"8"的首字母是"В","В"与"Ф"发音相似。

"这倒不是什么难题,你只要记住'6'对应的是'Л'就可以了。至于'7'用首字母'С'或发音相近的'3'来代替;'8'用首字母'В'或发音相近的'Ф'来代替,就很好理解了。"

"这些都没问题,但是为什么'9'对应的是'Р'呢?"

"你想象一下,如果你通过镜子来看'9'的话,是不是就很像'Р'了呢?"

"原来是这样呀!那为什么用来

替换‘9’的还可以是字母‘Ц’呢？”

"那是因为呀，你仔细观察‘9’，它是不是像是拖着一个小尾巴呢？同样的道理，字母‘Ц’也有一个小尾巴，所以两者可以相互替换。”

"这个表格中的字母与数字我基本上是明白了，而且要把它们全部背过也是一件比较简单的事情，但还是无法理解这个表格在你表演的过程中到底怎么使用呢？”

"你别着急，我这就给你再具体解释。你可以看到，这个表格并不完整，它仅仅包含辅音字母，而元音字母无法对应数字，所以，如果把辅音字母和元音字母组合起来，你就可以得到一系列对应数字的词汇了。”

"能再举个例子说明一下吗？”

"好的，你来看‘窗户’这个词，它对应的就是数字‘30’，为什么呢？窗户这个词含有字母‘K’和‘H’，从表格中可以得出字母‘K’对应数字‘3’，而‘H’则对应的是‘0’，所以‘窗户’对应的就是‘30’。”

"那么每一个词语都能对应一个数字吗？”

"那是肯定的，你随便说一个词语来验证一下。”

"好的，那比如说‘桌子’对应的数字应该是什么呢？”

"726，因为桌子这个词含有字母‘C’‘T’‘Л’。‘C’对应的数字是‘7’，‘T’对应的数字是‘2’，‘Л’对应的数字是‘6’。所以说，任何一个词语都会有一个对应的数字来表示，当然啦，不是所有的数字和词语对应起来都是那么容易的。比如，你今年多大了？”

"12岁。”

"那可以用词语‘年代’代替，这个词语中含有字母‘Г’‘Д’，‘Г’所对应的数字是‘1’，‘Д’所对应的数字是‘2’。”

"那假如我已经13岁了呢？”

"那么这个时候你的年龄所对应的词语就变成了'甲虫',因为根据表格,'甲虫'这个词有字母'Ж'和'К'。'Ж'对应的数字是'1','К'对应的数字是'3'。"

我毫不犹豫地又接着问道:"那'453'所表示的词语又是什么呢?"

"长烟斗杆。"词语"长烟斗杆"中含有:字母"Ч",对应着"4",字母"Ь"对应着"5",字母"К"对应着"3"。

"真的是太有意思了!这样的确是对你记住数字有很大的帮助,然而你在表演的过程中需要回答的是词语而不是数字呀?这你又是怎么做到的呢?"

"那是因为我的舅舅给从1到100的顺序数词都一一对应上了词语,比如说1到10所表示的词语依次就是:

1——刺猬;2——毒药;3——奥卡河;4——白菜汤;5——墙纸;6——脖子;7——胡子;8——柳树;9——鸡蛋;10——火焰。"

"不过'顺序数词'是什么意思呀?我还是不太理解,而且这些词语与数字这么对应又有什么用途呢?"

"哎呀,你还真是不会类推呀!'刺猬'为什么可以用数字'1'来表示,那是因为'Ж'表示的是数字'1',而'刺猬'中含有字母'Ж',所以可以用'刺猬'来表示数字'1';依此类

俄语中这些词语含有的字母:
词语"窗户"中含有字母"К"和"Н"。
词语"年代"中含有字母"Г"和"Д"。
词语"甲虫"中含有字母"Ж"和"К"。
词语"长烟斗杆"中含有字母"Ч"(对应数字"4")和字母"Ь"(对应数字"5")和字母"К"(对应数字"3")。

词语"刺猬"中含有字母"Ж"。
词语"毒药"中含有字母"Д"。
词语"奥卡河"中含有字母"К"。
词语"白菜汤"中含有字母"Щ"。
词语"墙纸"中含有字母"Ь"。
词语"脖子"中含有字母"ш"。
词语"胡子"中含有字母"С"。
词语"柳树"中含有字母"В"。
词语"鸡蛋"中含有字母"Ц"。
词语"火焰"中含有字母"Г"与"Н"。

推，所以'毒药'所表示的数字是'2'；'奥卡河'所表示的数字是'3'；'白菜汤'所表示的数字是'4'……"

"原来是这样呀！那么'墙纸'所表示的数字是'5'，就是因为'墙纸'中含有字母'b'，而'b'可以与数字'5'对应，所以'墙纸'就可以用数字'5'来表示。"

"没错，就是这么回事。而且你也知道，把这些词语背下来，那简直是一件易如反掌的事情。所以，只要你把这10个词语都记住了，那么不管别人给你说出再怎么奇怪的10个词语，你都能够很快地把它们联系起来。"

"你所说的能够把词语联系起来是什么意思呢？我实在是理解不了。"

"这样，你随便写十个词语出来，我仔细给你讲一讲。"

于是我写出了10个词语，它们分别是：雪、水桶、笑声、城市、图画、靴子、汽车、绳子、金子、死亡。

"我听到这10个词语的时候，根据平时训练的惯性思维，就会在脑海中把这10个词语分别和它们相对应的顺序数词联系起来，而我是怎么联系的呢？你注意听着——"

1.一只刺猬沿着雪地跑。

2.水桶里装着毒药。

3.奥卡河上传来一阵笑声。

4.城市里有人在喝白菜汤。

5.墙纸上挂着一幅图画。

6.一双靴子挂在脖子上。

7.胡子卡在汽车里了。

8.柳树长得绳子那般高。

9.鸡蛋的蛋黄仿佛是一块儿金子。

10.火焰会导致死亡。

我听着一头雾水，于是打断了菲利克斯："胡子怎么会卡在汽车里面呢？这听起来简直是无稽之谈。"

"那又怎么样呢？虽然的确很荒谬，但是这些奇怪的组合却能帮助我快速地记住这些词语呀。至于为什么'刺猬在雪地上奔跑''靴子挂在脖子上'，这些句子更是毫无逻辑可言，然而我们却能很快速地记住它们。"

"那好吧，你接着往下说吧，'柳树'和'绳子'你又是如何把它们联系起来的呢？"

"柳树长得绳子那般高。"

"那接下来的'鸡蛋'和'金子'又是如何联系到一起呢？这两个东西之间又没有共性。"

"你的思维要开阔一些，金子的颜色不就和鸡蛋黄很相似吗？"

"所以'火焰'和'死亡'能够联系起来是因为'火焰'会导致'死亡'？"

"当然可以那样理解呀！现在，你将每一个词语都和表格中的词语组合在了一起，接下来只需要按次序记住每一个词语所对应的顺序数字表示的词语，整个词语的表格就都能背出来了。"

"一只刺猬沿着雪地跑；水桶里装着毒药；奥卡河上传来一阵笑声；城市里有人在喝白菜汤。"

"稍等一下，接下来的词语让我来尝试着背一背：墙纸上挂着一幅图画；一双靴子挂在脖子上；胡子卡在汽车里了……"

"现在你应该能体会到我所说的了吧，虽然这些句子都很荒谬，但是却能够帮助我们快速而准确地背出这些词语。那我来考一下你，第8个词语是什么呢？"

"8——柳树长得绳子那般高；9——鸡蛋的蛋黄仿佛是一块儿金

子；10——火焰会导致死亡。"

"好了，现在再来说一说第5个词语是什么呢？"菲利克斯再次向我提问。

"5——墙纸上挂着一幅图画，所以第5个词语是图画。"

"现在，你可以来尝试着按照倒序来背一背这10个词语。"

虽然我完全没有信心能够倒序背出这10个词语，然而我却分毫不差地背出了所有词语，这简直太令我惊诧了。

我不禁欢呼道："哇！如今我也可以进行魔术表演了呀！"

菲利克斯有些担忧地提醒我："你可别忘记了你答应过我不会把秘密泄露出去的……"

"你放心啦，我向你保证过就一定不会说出去的。我还有一个疑问，你在表演的时候是需要背100个词语，而不是简简单单的10个呀，那你又是怎么完成的呢？"

"也没有什么其他特殊的技巧，还是通过这种方法，不过就是一次背下来100个数字所表示的词语就好了。"

"那你可以说一说11到20这10个数字所代表的词语吗？"

菲利克斯在旁边的纸上写下了如下的数字及其对应的词语：

11——绒鸭

12——坏蛋

13——甲虫

14——渣滓

15——嘴唇

16——针

17——鹅

18——龙舌兰

19——山

20——房子

"当然了，这些数字所对应的词语并不固定，"菲利克斯进一步向我阐释，"你也可以自己给这些数字对应一些方便联系起来的词语。举个例子，之前对于数字'2'，我们所对应的词语就是'鱼竿'而不是现在所使用的'毒药'，主要是因为我们并不能很好地将'2'

和'鱼竿'联系起来，所以我就让舅舅把'鱼竿'换成了'毒药'。还有一个例子，以前，对于数字'10'，我们对应的词语是'晚饭'，但是我自己认为'火焰'更容易和'10'联系起来，所以就替换掉了'晚饭'。其实还有一个也不太合适的词语——'龙舌兰'，不过目前还没有想出来更好的可以替换它的词语，所以只能暂时先使用着。"

"但是要同时记住100个句子，听起来也并不是一件容易的事情呀，你是怎么做到的呢？"

"其实也没那么困难啦，因为我要经常演出，所以会经常进行训练，熟能生巧嘛，自然也就变得容易多了。我到现在都还记得上一次演出的时候观众所要求的那100个词语呢。"

"那我写的3个词语你还记得吗？"

"那你要先告诉我你写的词语的序号是什么？"

"68，69，70。"

"铅笔刀、雨、火灾。"

"完全正确呀！你是怎么记住的呢？"

"还是相同的方法：'68'对应的词语是'锡'，'69'对应的词语是'椴树'，'70'对应的词语是'睡眠'。用锡可造不出铅笔刀，一个人在椴树下躲雨，睡觉时梦见了火灾。"

"那你记住这个表格中的所有的词语肯定需要很长的时间吧？"

"在上一次表演之前，我记住这些词语大概……不好了，舅舅回来了！"菲利克斯看到舅舅走进了院子，立刻停止了正在给我讲的秘密，然后很惶恐地让我赶快离开这里。

于是，在他的舅舅走上楼梯之前，我顺利地溜进了我自己的屋子。

心灵感应背后的秘密

所有的观众中，唯一一个知道这个魔术的神秘之处的人就是我，虽然我只知道这个秘密的一半，但是我还是欣喜若狂！

而且，第二天，这个秘密的另一半我也知道了，但是，我为得知这个秘密付出了极其巨大的代价，我需要把耗费了我两年时间所获得的全部邮票的集邮册送给菲利克斯。然而我并没有感到有多么不舍与忧伤，因为我最近沉迷于电子实验和设备无法自拔，对邮票这些老古董的热情早已大不如前了。

在我一再保证、发誓一定不会把秘密泄露出去之后，菲利克斯终于把他神秘表演背后的秘密告诉了我：他和他的舅舅会在表演之前准备一套暗语，而他们就是运用这套暗语光明正大地在观众面前进行正常交流的，而观众自然不会考虑到这一点，反而对菲利克斯的奇妙能力表示赞叹。你们所看到的下面这一页的暗语就是秘密词典的一部分。

提问词语	表示的意思		如果之前说了"聪明"这个词了，那么表示的意思
怎样，什么样的	1戈比或 1卢布	文官	文件夹
现在，什么，哪里	2戈比或 2卢布	大学生	钱包
猜猜看……	3戈比或 3卢布	姑娘	铜币
正确！请……	5戈比或 5卢布	水兵	头巾
你能不能……	10戈比或 10卢布	军人	信封
推断一下	15戈比	妇女	银币
请问……	20戈比	小姑娘	铅笔
好样的，试试	外国硬币	小男孩	纸烟

但是看着这个奇怪的表格，我并没有理解出其中的奥秘，于是菲利克斯向我具体讲解了他是如何运用这套暗语和舅舅进行交流的。比如说，台下有一位女观众把她自己的钱包给了舅舅，这个时候，蒙着眼睛坐在台上的菲利克斯就会听到舅舅这样向他提问：

"你知道现在是谁给了我一样东西吗？"

"知道"在那个表格中指示的就是"妇女"。所以菲利克斯就会回答说："一位妇女。"

"聪明！"舅舅再次声音洪亮地向菲利克斯提问，"现在请你告诉我，这是什么东西？"

根据表格，"聪明"和"现在"表示的就是"钱包"。于是，菲利克斯再一次说出了正确答案之后，舅舅继续发问："聪明！那你能不能告诉我，我现在从钱包中拿出了什么？"

因为在表格中，"聪明"和"你能"组合在一起所对应的意思是"信"，所以菲利克斯立即回答道："一封信。"

"聪明！那你猜猜看，现在我手里拿着什么东西？"

"1枚铜币。"菲利克斯继续自信地回答着，因为根据那个秘密词典中的对应关系，"聪明"和"猜猜"的意思就是指铜币。

"是的！猜猜看一枚多大面值的铜币？"

"3戈比。"

"聪明！请问我得到的是什么东西？"

"铅笔。"

"正确！请告诉我是谁给我的？"

"一名水兵。"

"聪明。推断一下他现在给我的是？"

"一枚银币。"

有了这套神秘的暗语，他就可以和舅舅毫无障碍地交流，无论舅舅提出怎样奇怪的问题，他都可以得心应手地回答出来。而"聪明""正确""好样的"等这类表达激动的心情的词语，以及"你能""知道""是的""猜猜看"这类最常见的词语，都是根本不容易引起别人注意的词语，观众自然也不会怀疑这些词语有问题。

观众的口袋中可能出现的所有日常用品，都被他们提前收录在一个表格中，每一个都有对应的暗语，就是为了防止某一些特殊的东西让魔术师猝不及防。

然而这只是他们在剧院表演时会用到的暗语表。倘若有一些观众邀请他们去家里进行演出，他和舅舅就不得不准备第二套暗语来表示下面这一页的物品。

所以，他们只要完整地把这个表格背下来，那么他和舅舅即使应邀在观众家中表演也是一件很容易的事情了。有了这套暗语表，菲利克斯就可以配合着舅舅准确地回答出观众的一举一动。下面就是他和舅舅表演的一些片段：

"现在客人中的哪一位站起来了？"

"大学生。"（"现在"在表格中表示"大学生"。）

"他正往什么东西走去？"

"食品柜。"

"是的。现在他来到了什么东西旁边？"

"炉子。"

"正确！现在他往哪里走去？"

"客厅。"

以此类推。

第三套暗语则是针对手指头的数目和扑克牌的：大王、2、3、5、10的表示方法和1戈比、2戈比、3戈比、5戈比以及10戈比一样；4和15戈比表示方法一样，6和20戈比表示方法一样……如此这样。

提问词语	之前已经说过的词语			
	正确	太好了	好	太棒了
	表示的意思			
怎样，什么样的……	烟盒	戒指	手表	扇子
现在，什么，哪里	雪茄	胸针	眼镜	手套
猜猜看	火柴	勋章	夹鼻眼镜	帽子
正确！请……	打火机	坠子	烟嘴儿	大檐帽
你能不能……	火柴盒	簪子	梳子	拐杖
推断一下	烟灰缸	金属帽	照片	书
请问……	缝衣针	小刀	花	报纸
好样的，试试	大头针	羽毛笔	刷子	杂志

其实总的来说就是，这一切都是提前设计好的，连最细枝末节的部分都设计好了。所以，只要能够熟练地运用这几套暗语，那么表演出让观众拍手称奇的心灵感应术就是很容易的事情了。

对我来说，虽然我现在知道了这个魔术背后的秘密，这个表演仿佛也变得容易起来，但是当我刚刚得知这个魔术背后的奥秘时，我还是为其中的睿智思想所折服。不过，如果仅仅是让我猜，我肯定是永远也猜不出其中的奥秘的，所以即使付出了一套集邮册也在所不惜。

到这里，我只知道了一半的秘密，另一半的秘密就是菲利克斯为什么可以匪夷所思地悬在半空中呢？大家都猜测说这是催眠术，所以他才能仅仅靠一只胳膊靠在木棍上就可以躺在半空中。于是我把大家的推测告诉了菲利克斯，他从抽屉中拿出来一个奇怪的道具来向我解答这一问题，这个道具是一根厚厚的铁条，铁条上面有几个圈状物和几根皮带。

菲利克斯非常淡定地向我解释道："这个道具就是支撑着我停留在空中的东西。"

我看着这个奇怪的东西，百思不得其解："所以你是躺在这个东西上面吗？"

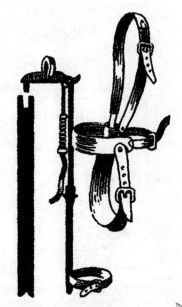

"我是将这个东西穿在衣服里面了，你看着我给你演示一下，"他一边说着一边轻松地把一只手和一只脚伸进圈状物，并且在胸脯和腰部系上皮带，"我穿好之后再把铁条这一端插到木棍里面，我就可以停留在空中啦，我舅舅就是这么悄无声息地把我装好的，而且别人根本看不出来是有东西在支撑着我。这样躺着也不难受，也不会觉着累，甚至你想睡觉也是可

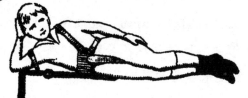

以的。"

"那你那天表演的时候没有睡着吗？"

"表演现场那么吵，想睡也睡不着，而且舅舅要求我在舞台上只能闭着眼睛，不能睡觉。"

这个时候我突然想到我旁边的观众为了菲利克斯为什么可以悬在半空中这个问题争论不休的样子，不禁放声大笑：原来是这样的呀！

我在离开菲利克斯的房间之前，再次特别严肃地向菲利克斯声明，我坚决不会将这个秘密泄露出去一星半点。

第二天清晨，我透过窗户看到菲利克斯和舅舅驾着马车走了，随着他们的离开，《举世奇迹》的演出也离开了我的家乡，从此剩下的只有传说了。

但是我没想到我之后再也没有见到过菲利克斯，甚至关于《举世奇迹》在其他各个城市的演出信息也再没有听到过。

虽然那是我最后一次见菲利克斯，但是我一直遵守着我和他之间的诺言，一直保守着这个秘密，从来没有给任何人讲起过《超凡的记忆力》和《心灵感应》这两个魔术背后的秘密。

别赫捷列夫教授的发现

现在我也该来说一说，菲利克斯曾经告诉过我的这个秘密，而我如今公开这个秘密的原因其实很简单，因为我已经知道，这个所谓的秘密，已经在杂志上面公开发表了，已经被揭开了神秘的面纱，所以也就没有再继续隐瞒下去的必要了。菲利克斯再也不是世界上绝无仅有的"举世奇迹"了，同样地，他的舅舅也不再是唯一一个能表演这种魔术的魔术师了。这一切都源于我有一天无意中看到的一本杂志，这本杂志中的一篇文章特别详细地叙述了一种方法——如何一次性快速地记住大量的词汇。那些四处演出的魔术师正是运用的这一方法。

这篇文章的作者是 别赫捷列夫 教授，他在文章中揭开了心灵感应术的神奇面纱，这也是一篇极具教育意义的文章，所以我在此将这篇文章引用过来——即使现在的读者们或许不会再觉得这其中会有出乎他们意料的东西了。

> 弗拉基米尔·米哈伊诺维奇·别赫捷列夫（1857~1927），俄国心理学家和神经学家。

1916年春天，一个露天剧院发布出这样一则吸引人眼球的消息：即将会有一名女演员来这里进行演出，她具有未卜先知的神奇能力，可以远距离猜到其他人的心思。演出的内容是这样的：

　　舞台上来了一个11岁左右的小姑娘，小姑娘站在工作人员拿过来的一把椅子后面，一只手轻轻扶着椅背，然后工作人员用一块大大的帕子牢牢地蒙上了小姑娘的眼睛。一切都准备就绪了，小姑娘的父亲作为魔术师，开始在观众席来回走动，整个剧场人头攒动，小姑娘的父亲随意看到观众手里拿的物品或者衣物上所佩戴的配饰，又或者是观众口袋里面的物品，都会以提问的形式来让远远地站在舞台上的小姑娘回答这些物品的名称。而小姑娘在听完问题之后就可以迅速、声音洪亮、不失毫厘地回答出这些东西的名称，回答问题的速度更是令人惊诧。

　　这个时候，魔术师走进了我们的包厢，指着我问小姑娘："这位是谁呢？"

　　远在舞台上的小姑娘立刻声音洪亮地说出答案："教授。"

　　魔术师继续问："那他叫什么名字呢？"

　　小姑娘的回答依旧是丝毫不差，完全正确。

　　紧接着我从衣袋里拿出来一本杂志，名字是《医学日历》，我提出让小姑娘说出这本杂志题目的要求，于是魔术师提问之后，小姑娘再一次答出了正确答案："日历。"

小姑娘在整个过程中表现得非常精彩，观众席也是掌声雷动。

而这位教授想要弄清楚这到底是怎么一回事，于是想和小姑娘的父亲商议再进行一场表演，而且也不需要在舞台上进行，在一个随意有几个观众的地方就可以。

小姑娘的父亲出于礼貌，答应了教授的请求。

教授继续在文章中写道：

　　我们在同一包厢看演出的一行人来到了剧院的办公室，准备再一次观看表演。

　　一开始，我便学着小姑娘的父亲一样，向小姑娘提出了好几个问题，但是我注意到了她的忐忑不安。然后我又问小姑娘，她可不可以和我搭档来进行猜物品的实验的时候，她想了想告诉我她需要一个阶段来适应一下。"那么她需要多久才能适应好，然后和我进行这个实验呢？"我问小姑娘的父亲，他说大概需要一个月的时间。

　　但是在接下来我试着和小姑娘进行猜物品的所有实验中，没有一次是成功的，所以我想着还是让小姑娘和她的父亲先演示一下。于是还和在舞台上表演一样，小姑娘站在距离父亲几尺远的角落的椅子后面，而我坐在这把椅子上面。小姑娘的父亲看着这几位观众向他提供的物品来提问。但是还是像在舞台上那样，每次提问的声音刚落，小姑娘就能说出正确答案。因为这个父亲每次提问完之后，都是紧闭双唇，所以肯定不会给小姑娘任何提示。

　　"那么为什么小姑娘和他父亲的表演和与我表演的差异会这么大呢？"这激发了教授的好奇心，对于如此少有的奇特现象，教授势必想要追根究底地研究研究。于是，又向这对父女提出了想邀请他们去他的家中进行演出的请求。小姑娘的父亲在考虑片刻之后还是答应了。于是，教授和他们约定好了日期和时间，而选择在教授家里进行表演，主要是为了能够给这位懂得心灵感应术的小姑娘和她的父亲提供一个宁静不吵闹的氛围，而且现场也不会有过多的人。很快到了之前约定好的日期。然而，这两位贵客却爽约了，他们并没有如期而至，这让教授很是失望。于是，当天晚上他就赶往父女俩演出的剧院，因为这位爽约的小姑娘会在那里和他的父亲展示她未卜先知的特殊能力。

这位教授所讲述的这个故事，最终的结尾实在是太出乎意料了。

故事的结尾是这样的：

　　我刚一走进他们将要演出的剧院，一位与我素不相识的男士将我拦了下来，他说他是一位还未开业的医生，但是他对这个剧院特别地了解，与此同时，他和小姑娘的父亲同样关系很密切。他告诉了我小姑娘和父亲失约于我的原因正是他们需要在这里进行演出。我望向舞台和观众席那边，这位父亲正在和热情的观众们进行互动，在观众眼里，他们觉得这是一种极其神秘的能力，所以都兴致勃勃地观看着这场演出。

　　我作为一名科学界人士，这种故弄玄虚的把戏岂能逃得过我的火眼金睛？之前在剧院办公室的演出之后，倘若当时没有其他的观众，而是只有我和他们父女俩，那我想他一定会将这个秘密告诉我的。

　　那么神秘之处到底是什么呢？这些秘密就藏在这个小姑娘的父亲对她的问题中。大家应该注意到了，小女孩的父亲在针对不同的物品时的提问方式是不同的，提问中的词语和数字都会有对应的特殊暗语。而通过训练，小姑娘已经完全熟练地掌握了这些特殊暗语，所以当她的父亲提问时，她可以迅速地说出正确答案。所有的日常物品，像常见的烟盒、火柴盒、皮带、勋章、书籍、车票等，或者是一些常见的人名：尼古拉、亚历山大、弗拉基米尔、米哈伊尔等，它们都有相对应的特殊暗语。而另外一些更加常见的日常用品所对应的暗语则是由词语和数字组成的，也就是说父亲所提出问题中的词汇就对应着特定的词语和数字。

　　比如说，小姑娘需要猜出来的数字是37，而他们之前约定好的特殊暗语就是："请你告诉我，准确地……"在这句话中，"告诉我"对应的数字是"3"，而"准确地"对应的是"7"。那么，如果父亲在向小姑娘提问军官皮带上的数字的时候，在最后补上一句"请你告诉我，准确地"，小姑娘自然而然就能反应出来答案是"37"了。这个时候如果某一个观众所提出的数字是377，由于"准确地"对应的是"7"，所以多了一个7的数字的提问方式就会变成"请告诉我，准确地，准确地……"同样的道理，如果观众提出的数字是337，而"告诉我"对应的数字是"3"，那么问题就又会变成这样："请你告诉我，告诉我，准确地……"

这个小姑娘之所以可以如此快速、准确地完成这种"心灵感应术"，就是因为她的父亲在表演之前对一些日常用品定好了暗语，从而使得小姑娘的猜测变得更加简单，举个例子来说明，比如说，"什么"代表的是"手表"，而"什么样的"代表的是"钱包"，"这是什么"指的是"梳子"。那么显而易见，如果我提出的问题是：衣袋里是什么样的东西？那么回答就是：钱包。如果问题是：这是什么东西？那答案就是：梳子。但是倘若需要运用另外一套暗语，比如需要用数字或者字母来回答问题时，就要转换一下问问题的方式了。再举一个例子，如果父亲加一句："你仔细考虑考虑"——那小姑娘就知道了她应该按照字母表来组织词语回答问题。

Chapter 2
数字巨人

赚钱的交易

这个故事发生的时间和地点，给我叙述故事的人并没有提到过。存在这样一种可能，就是这个故事从来就没有发生过，或者更加准确地说，这个故事完全就是无中生有，虚构出来的。由于这个故事实在是特别有趣，所以我要把这个故事一五一十地讲给你们听。

第一段故事

从前有一天，一位陌生人来到一个百万富翁的家中拜访，然后向百万富翁提出了一种他从来没有听说过的金钱交易方式，并且表示自己很乐意与富翁进行这场交易。

陌生人先陈述这场交易的规则："从明天开始，在接下来的一个月中的每一天，我都会给你送来1000卢布。"

这位富翁屏气凝神地听着，等着下文，然而这个陌生人却沉默不语了。

于是富翁追问着："你不是在骗我吗？那你倒是继续说一说你为什么要这么做呢？"

"在第一天我给你1000 卢布 的时候，你只需要支付给我1戈比即可。"

1卢布＝100戈比。

"我没有听错吧，1戈比？"富翁很诧异了，急忙重复着追问。

"没错，就只是1戈比，但是我第二天给你1000卢布的时候，你需要支付2戈比。"

富翁情不自禁地继续问道："那么之后呢？"

"之后呢，第三天我给你1000卢布的时候，你需要支付4戈比；第四天给你1000卢布的时候，你需要支付8戈比；第五天，你需要支付16戈比……以此类推，这样在这一个月中，你每天需要给我支付的金钱是前一天的两倍。"

"我就仅仅需要这样做吗？"

"没错，就是这样。除此之外，再无其他了。在接下来的一个月中，你我必须严格遵守承诺，按照约定完成这一交易：我会在每天早晨给你送过来1000卢布，与此同时，你需要按照约定的钱款数目向我支付，我们不能在不到一个月的期限中途毁约。"

"他给我1000卢布，但是却只要我返还给他1戈比。只有两种可能，要么钱是假的，要么就是这个人的脑子不够正常。"这位百万富翁暗自思忖着。

"行，那就这么说定了！"富翁欣然同意了这笔交易。"那你从明天开始就按照约定给我拿钱吧，我也会严格遵守约定支付我的那一部分。你可千万别想着用假钱来欺骗我。"

陌生人回应："你就放宽心，安心地等着我明天早上过来吧。"

陌生人离开之后，这位富翁却暗自琢磨了许久：这位行为怪异的陌生人明天到底会不会来呢？他要是突然意识到自己在做一件如此愚蠢的交易，也许他就再也不会出现了吧？

第二段故事

第二天清晨，那个陌生人如约而至，他敲了敲富翁的窗户说："我给你把1000卢布带来了，也请你准备好该给我的1戈比。"

这位陌生的拜访者一边掏出那货真价实的1000卢布，一边向富翁说。

百万富翁在桌子上放了1戈比，然后惴惴不安地看着陌生人并且暗自思量：他会不会后悔了呢？他会不会不要这枚钱币，而是要回自己的1000卢布呢？然而陌生人拿过1戈比的钱币，在手里玩弄了一下就收进了口袋，并且对富翁说道："我明天还会准时过来，请你准备好2戈比在此等我。"说完就转身离开了。

对于这突如其来的意外之财，富翁简直无法相信。他检查盘点了陌生人给他的1000卢布，的确都是真币，富翁格外满足，仔细地藏好这些钱之后就开始满心期待第二天的1000卢布了。

到了夜晚，百万富翁一直沉浸在不安的氛围中，他思索着这个陌生人或许是一个由盗贼假扮的老实人，他难道是为了摸清我在哪里藏钱，然后乘虚而入劫取我的财物？想到这里，富翁赶紧把房门紧闭上，夜幕降临的时候他就一直向窗外张望，并且仔细倾听外面细碎的声音，许久都无法入眠。

第二天清晨，陌生人再次带着1000卢布如约而至，富翁数了数钱，确认没问题之后，陌生人收起2戈比就离开了，临走之前向富翁叮嘱："别忘了明天早上该准备4戈比了！"

百万富翁因如此轻松就又获得了1000卢布感到十分愉悦！而且他通过观察这位陌生人发现：他每次都只是拿走自己该拿的那几戈比，既不会在我家东张西望，也不会询问其他的问题，所以他看起来并不像是个盗贼，那他还真是一个奇怪的人呢！但是要是世界上再多一些这样的怪人，那像我这样的聪明人的生活可就过得容易多了……

第三天清晨，陌生人的敲击声再一次出现在百万富翁家的窗户上，这次陌生人通过支付第三个1000卢布而获得了4戈比。

紧接着的第四天，通过同样的交易方式——百万富翁向陌生人支付了8戈比而获得了第四个1000卢布。

通过支付16戈比又将第五个1000卢布收入囊中。

接下来是支付32戈比而得到第六个1000卢布。

到第一个星期结束，这位百万富翁通过付出微乎其微的金钱：

$$1+2+4+8+16+32+64=127=1卢布27戈比$$

而已经获得了大量的财富：

$$1000×7=7000卢布$$

贪得无厌的百万富翁疯狂地爱上了这个"傻瓜"交易，他甚至都开始后悔为什么和陌生人的交易只事先商定了一个月，这样

他才只能得到3万卢布！他还在想，能否劝说这位奇怪的陌生人将这个交易的时间延迟呢，甚至只延迟两三个星期也可以呢？但是百万富翁又想到了一个问题：万一这个陌生人要是突然意识到这些钱都是白白给我的呢？

接下来的几天，陌生人都会带着1000卢布如约而至，与此同时，这个陌生人获得了：

第八天	1卢布28戈比
第九天	2卢布56戈比
第十天	5卢布12戈比
第十一天	10卢布24戈比
第十二天	20卢布48戈比
第十三天	40卢布96戈比
第十四天	81卢布92戈比

两周之后，这位富翁能够获得14000卢布，但是他只需要给这位陌生人支付150卢布左右。能获益这么多，这位富翁自然非常乐意支付这笔微不足道的钱。

第三段故事

百万富翁并没能一直沉浸在喜悦之中，他很快就发现这位奇怪的陌生人才不是傻瓜，他们约定的这笔交易越来越不像刚开始看起来那般能获益良多了。而且实际上，从第三个星期开始，富翁就已经不得不为了得到1000卢布而向陌生人支付上百卢布，不再仅仅是几十戈比了，更让富翁觉得可怕的是，随着时间的推移，他所需要支付的钱数急速增长，所以从第三个星期开始，富翁需要支付的钱数是：

第15个1000卢布	163卢布84戈比
第16个1000卢布	327卢布68戈比
第17个1000卢布	655卢布36戈比
第18个1000卢布	1310卢布72戈比

　　然后，在接下来的交易中，富翁已经完全得不到任何利润了，他每次需要支付更多的钱才能得到1000卢布。然而他又不能违反诺言，只能咬牙继续坚持下去，一直到月底。不过呢，富翁这时并不觉得自己有任何亏损：他已经获得了18000卢布，但是只付出了2500卢布。

越来越不妙的事实终于让百万富翁意识到，这位陌生人是多么的奸诈狡猾，因为陌生人在后期得到的钱数远远大于他支付的，只是富翁意识到这个问题的时候已经为时过晚了。下面是之后富翁每得到1000卢布需要支付的钱数：

第19个1000卢布	2621卢布44戈比
第20个1000卢布	5242卢布88戈比
第21个1000卢布	10485卢布76戈比
第22个1000卢布	20971卢布52戈比
第23个1000卢布	41943卢布4戈比

可以看出来，到目前为止，富翁为第23个1000卢布所支付的钱数，已经超过了他这一月能得到的钱的总数了。

这一个月的约定就只剩一个星期了，然而就是这7天，还是使我们的百万富翁走向了破产的结局！他每天需要向陌生人支付的金钱数目是：

第24个1000卢布	83886卢布8戈比
第25个1000卢布	167772卢布16戈比
第26个1000卢布	335544卢布32戈比
第27个1000卢布	671088卢布64戈比
第28个1000卢布	1342177卢布28戈比
第29个1000卢布	2684354卢布56戈比
第30个1000卢布	5368709卢布12戈比

当陌生人完成最后一次交易离开富翁家之后，百万富翁想要计算一下他这一个月到底为了得到30000卢布付出了多少钱，结果却令他大吃一惊：10737418卢布23戈比。

　　将近1100万卢布——如此巨款可都是从1戈比开始的。所以即使这个陌生人每天带给富翁10000卢布进行交易，那么一个月之后他照样是有利可图的。

第四段故事

　　在结束这个故事之前，我想向大家介绍一种简便算法来计算出百万富翁的损失，也就是如何将下列数列相加的结果更快更准确地计算出来：

$1+2+4+8+16+32+64+\cdots\cdots$

其实通过仔细观察，我们很容易发现这些数字具有这样的特点：

$2=1+1$

$4=(1+2)+1$

$8=(1+2+4)+1$

$16=(1+2+4+8)+1$

$32=(1+2+4+8+16)+1$

……

　　换而言之，也就是这一数列中的每一个数字都与它前面所有符合这个规律的数字的相加之和再加"1"相等。所以，我们要是需要计算某一个数列

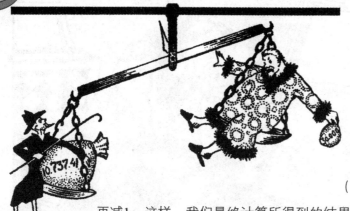

之和，比如从1到 32768，需要做的 只是将最后一个 数字32768加上它 前面的所有数字 按两倍递进之和 （也就是32768），

再减1。这样，我们最终计算所得到的结果是65535。

那么，我们现在只需要知道百万富翁最后一天支付给陌生人的钱数，再通过这种简便算法，就可以快速地计算出富翁总共损失了多少钱。富翁最后一天支付的钱数是5368709卢布12戈比，所以，把5368709卢布12戈比加上5368709卢布11戈比，可以算出富翁这一个月总共支出的钱数是10737418卢布23戈比。

城市流言蜚语

在城市中，流言蜚语的传播速度之快实在是令人诧异！有的时候，几个人就只是随意聊一聊刚刚发生的有趣的事情，但是在两个小时之内，这件事情就会在整个城市散播开来，然后尽人皆知。

这种传播速度实在是令人惊奇！但其实，如果用计算来解释这个问题的话，就会变得很容易理解了，其实所有的问题都可以通过数字的特性进行解释，而并不是用流言蜚语本身的某种特点进行说明。

第一段

我们来通过下面这个例子进行具体的解析：

清晨8点的时候，城市里来了一位知道一则大家都非常好奇的消息的外地人。这位外地人在他所居住的宾馆里，把这一则消息向3位本地居民进行传播，如果讲述这则消息需要15分钟。

那么，在早晨8点15分的时候，应该总共有4个人，包括这个外地人和本地3位居民，知道了这则消息。

这3位本地居民知道了这则消息之后，分别又把这则消息告诉了其他的3个人。同样地，转述消息还是需要15分钟，这个过程其实并不短呢。所以，也就是说，这个消息在半个小时之后，这个城市中总共有4 + 3 × 3 = 13人得知了这则消息。

之后，被告知了这则消息的9个人，每个人又分别在同样的15分钟内向另外3个人讲述这则消息。那么，在8点45分的时候就会有13 + 3 × 9 = 40人知道这则消息了。

第二段

我们现在假设这则消息会按照这种模式在城市里持续传播，换句话说就是每一个得知了这则消息的人都会在接下来的15分钟之内成功地向其他3个人进行转述，那么这则消息的传播如下表所示：

9点钟时知道这个消息的人数为：$40 + 27 \times 3 = 121$人。

9点15分：$121 + 81 \times 3 = 364$人。

9点30分：$364 + 243 \times 3 = 1093$人。

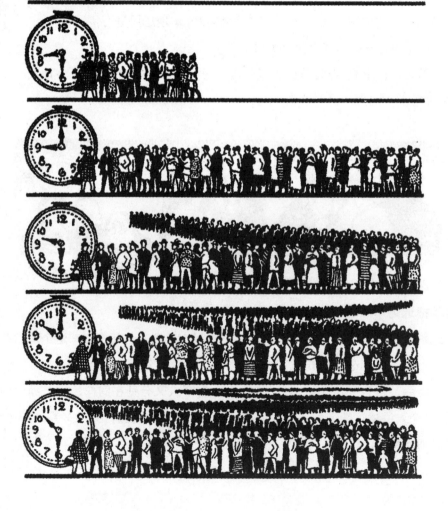

于是，在一个小时之后，这个消息已经传播到1100个人的耳朵里了。或许大家觉得这对于一个有5万人口的城市来说并不值得一提，而且这个消息并不会很快传遍全城，那么我们继续来看消息传播表：

9点45分：$1093 + 729 \times 3 = 3280$人。

10点：$3280 + 2187 \times 3 = 9841$人。

而再过15分钟的10点15分：$9841 + 6561 \times 3 = 29524$人，这个城市中已经有超过半数的居民知道了这一消息。

第三段

在这个例子中，我们是假设每一个得知消息的人仅仅是将这则消息传播给3个人，可是如果不只是转述给3个人，居民们要是活泼健谈，那么就会分别告诉其他5个甚至10个人呢，这样的话消息传播的速度肯定会更加迅速。所以我们现在假设每个人会向5个人分享这则消息，那么我们会总结出下面这个消息传播表：

8点：1人。

8点15分：$1 + 5 = 6$人。

8点30分：$6 + 5 \times 5 = 31$人。

8点45分：$31 + 25 \times 5 = 156$人。

9点：$156 + 125 \times 5 = 781$人。

9点15分：$781 + 625 \times 5 = 3906$人。

9点30分：$3906 + 3125 \times 5 = 19531$人。

按照这样的传播方式，那么在早晨9点45分的时候，这个城市的5万居民就会全部都得知这则消息了。

那么，再假设每个人会向另外的10个人转述这则消息，那消息的扩散速度就会更加迅速，这样的话，消息传播数列会变成如下这样：

8点：1人。

8点15分：$1 + 10 = 11$人。

8点30分：$11 + 10 \times 10 = 111$人。

8点45分：$111 + 100 \times 10 = 1111$人。

9点：$1111 + 1000 \times 10 = 11111$人。

显而易见，这个数列的下一行，9点15分对应的应该是111111人，这个数字已经远远超过了城市总人数，可以看出来早晨9点多一点儿的时候，这则消息就已经散播得全城人尽皆知了，这整个过程发生在一个小时之内。

赏金

据传，在很久以前，古罗马曾经发生过这样一件事情：

第一段故事

受皇帝的钦点任命，统帅泰伦斯带着军队远征，所向披靡，战无不胜，最终赢得了许多战利品回首都罗马向皇帝复命。

皇帝热烈地欢迎泰伦斯得胜回朝，并且由衷地感激泰伦斯为国家安定所做的贡献，于是便要在元老院为他升官加爵作为赏赐。

然而泰伦斯并不想要高官爵位，他向皇帝解释道：

"这么多年来，我打了一场又一场的胜仗，是为了国泰民安，是为了让陛下您在外邦树立威信，是为了使您的声名显赫。我并不惧怕死亡，假如我能够有很多条命，我宁愿为了陛下您牺牲我所有的生命。然而我现在年纪越来越大，身体大不如前，对打仗感到无比厌烦，也没有了年轻时候的热血沸腾，我想我也是时候告老还乡，享受天伦之乐，安度晚年了。"

"泰伦斯，那么你希望我给你什么赏赐呢？"皇帝问。

"陛下，请允许我慢慢诉说。这么多年以来，我一直征战沙场，九死一生，但是我并未积累下属于自己的金钱财富，如今的我依旧一贫如洗……"

"泰伦斯，请你接着说下去。"

受到皇帝的鼓舞，泰伦斯更加有信心地继续说下去："所

以，作为您身边一位普通的仆人，我并不祈盼能够在元老院中担任位高权重的要职，然后受人仰慕。我只祈求能够远离官场，与世无争，让我安度晚年。所以我恳请陛下能够给我足够的金钱，以保证我能富足地度过余生。"

但是据说，这位皇帝并不是一个慷慨大方的君王。他只致力于为自己积累钱财，对于他人，即使是大功臣，却也是一毛不拔，因此，泰伦斯的请求使皇帝陷入了深思。

"泰伦斯，你认为你需要多少钱才够安度晚年呢？"皇帝反问道。

第纳里是古罗马时期使用的银币或者金币。

"我希望能得到一百万 **第纳里**，陛下。"

听到这个数字，皇帝再一次深思，而统帅也低着头焦急地等待皇帝的回答。最终，皇帝还是开口了："英勇的泰伦斯将军！你是威猛的战士，你战功显赫，本就应该获得丰富的犒赏，我答应你，会奖赏你足够的钱财，但是得等明天中午才能听到我的决定。"

泰伦斯深深鞠了一躬以表示对皇帝的感谢，然后就退下了。

第二段故事

第二天的中午，泰伦斯按照和皇帝约定的时间，准时到达了皇宫面见皇帝。

皇帝面带微笑地向泰伦斯问好："英勇的泰伦斯，你好！"

泰伦斯毕恭毕敬地低着头回应皇帝："陛下您宅心仁厚，您昨天允诺我会奖赏我一大笔钱财，我现在是来听您最终决定的。"

皇帝回答说："泰伦斯，你这么多年战功显赫，是名副其实的常胜将军，我希望你得到的奖赏能够和你的战绩相匹配，而不是只得到少得可怜的赏赐。接下来你仔细听我说，现在我的金库里面有500万枚铜制 布拉斯 。第一天，你去我的金库拿1布拉斯硬币到这里来，把硬币放在我的脚边。

> 布拉斯是一种小型金属货币，1布拉斯＝$\frac{1}{5}$第纳里。

第二天，再去金库，将价值2布拉斯的硬币拿回来，放在第一枚旁边。第三天，再拿来价值4布拉斯的硬币，第四天拿出价值8布拉斯的硬币，第五天是16布拉斯，按照这样的规则，我会让我的工匠在你每天拿硬币的前一天为你制作一枚价值相对应的硬币，而你每一天所得到的钱数都是前

一天的2倍，只要你在不借助外力的情况下拿得起硬币，那么不管价值多大，这些金钱你就都可以从我的金库中拿走。但是，如果到了当你拿不起来我给你新制造的钱币的那一天，也就是我们这个约定停止的时间了。不过你之前从金库中所拿出来的钱财都将属于我给你的赏赐。"

泰伦斯如痴如醉地揣摩着皇帝所说的每一句话，他的脑海中仿佛已经展现出了自己把金库中的大量钱财搬出来的场景。

他思忖了一会儿之后笑容满面地答应了皇帝的提议："陛下真的是仁爱慈善，你实在是慷慨解囊来赏赐我呀！"

第三段故事

于是，泰伦斯开始每天从金库中往出搬运钱币。金库与皇帝的接见大厅相隔很近，所以，一开始的时候，泰伦斯可以毫不费力就搬动那些金币。

按照约定，第一天他只能从金库中拿出1布拉斯，这枚硬币很小，直径25毫米，质量只有5克。

第二天、第三天、第四天、第五天和第六天，统帅泰伦斯都非常轻松地从金库之中分别搬出了2布拉斯、4布拉斯、8布拉斯、16布拉斯和32布拉斯。

把这些钱币按照我们现在的计算方式换算成质量的话，那第七天搬出来的硬币应该是64布拉斯，质量是320克，直径为8.5厘米（更准确地说就是84毫米）。

到了第八天，泰伦则需要从金库中搬出来的钱币质量是128枚1布拉斯小硬币的质量之和，直径大约是10.5厘米，重640克。

第九天，泰伦斯需要搬运的钱币是256枚小硬币的总和，这枚钱币的直径是13厘米，质量已经超过了1.25千克。

然而，到第十二天的时候，泰伦斯需要搬到皇帝会客大厅的钱币的直径和质量已经分别达到了27厘米和10.25千克。

皇帝这个笑面虎，一直装作很和蔼的样子看着泰伦斯，但是他丝毫也不遮掩他内心的喜悦之情，因为他看着泰伦斯已经反反复复进出金库十二次，然而只拿出了2000多布拉斯。

第十三天的时候，英勇的泰伦斯需要搬运的钱币直径为34厘米、重20.5千克，它是4096枚1布拉斯小硬币的总和。

第十四天的时候，泰伦斯需要从金库中搬运一枚直径42厘米、重41千克的钱币，这枚钱币已经算是比较重的了。

看着泰伦斯满头大汗的样子，皇帝强忍着心中的喜悦问他："你累吗？泰伦斯。"

"并不累，陛下。"泰伦斯一边抹去额上的汗水，一边气喘吁吁地回答着。

到了第十五天，泰伦斯需要搬运的钱币已经俨然是一个庞然重物，他搬着这枚直径53厘米、重80千克的钱币，举步维艰地向皇帝的会客大厅走去，这枚钱币已经是16384枚1布拉斯的总和了，即使是一个高大威猛的战士，也会觉得重如泰山。

第十六天，泰伦斯背着一枚32768枚1布拉斯总和的钱币摇摇晃晃地走向皇帝，这枚钱币的直径是67厘米，质量已经达到了164千克。

统帅已经精疲力竭，而皇帝却已经抑制不住地笑了起来……

第十七天，看着泰伦斯已经无法把钱币抱着或背着进行搬运，而只能滑稽地推着它前进，皇帝再也控制不住地大笑起来，这枚钱币是65536枚1布拉斯小硬币的总和，它的直径是84厘米，而质量已经重达328千克。

　　第十八天应该是泰伦斯最后一次为自己谋取赏赐了，是他最后一次去金库中搬运钱币，也是他最后一次走进皇帝的会客大厅。最后这一次，他要搬运的是一枚直径107厘米，质量重达655千克的巨型钱币，它是由131072枚1布拉斯小硬币所组成的，而且在搬运的过程中，统帅不得不竭尽全力，并且把自己的长矛用作杠杆，这才能把钱币运进大厅。终于，他把这枚钱币运到了皇帝的脚边，与此同时发出了巨大的响声。

　　泰伦斯已经被摧残得心力交瘁，瘫倒在大厅中间小声嘟囔着："够了，我再也没有力气去搬了。"

　　狡猾的皇帝尽可能地控制着自己不笑出声来，他很欣慰地看着自己的计谋取得了圆满的成功。然后他又命令司库人员对泰伦斯搬到会客大厅的钱币数目进行清点。

　　司库人员计算完之后向皇帝汇报："陛下，您真的太慷慨了，战无不胜的泰伦斯统帅总共获得的赏赐是262143布拉斯。"

　　泰伦斯最初要求能得到的赏赐是100万第纳里，但是通过这样的计谋，泰伦斯被吝啬的皇帝算计得最终只拿到了他要求的$\frac{1}{20}$。

棋盘的传说

国际象棋拥有2000多年的悠久历史。因此，由于年代久远，对象棋是如何产生的，大家都各执一词，各种传说的真实性自然也就无从考证。接下来我就给大家讲述其中的一个传说。你不需要会下象棋，你只需要知道象棋游戏的棋盘有64个小格子（分别是黑色和白色的），就可以了解我将要讲的这个传说了。

第一段故事

象棋游戏的发源地是印度。当舍拉姆皇帝第一次接触到这个游戏时，他就完完全全被下象棋所需要的技巧和存在于其中的布局所深深折服，并且赞不绝口。当他知道这个游戏的设计者是他的一位臣民的时候，他就下令让这位发明家入宫，并且要对这位发明家进行赏赐。

这位发明家叫塞塔，他是一位衣着朴素、以教书为生的学者。他来到皇帝面前。

皇帝说："塞塔，你发明的这款象棋游戏非常卓越，所以我要赏赐你的这一发明。"

这位睿智的学者向皇帝深深地鞠了一躬，但是没有说话。

"我非常富裕，能够满足你的所有愿望，所以你尽管说出你想得到的赏赐吧，我一定会让你如愿以偿。"

然而塞塔依旧沉默不言。

"你不要惶恐，"皇帝和蔼地鼓励着他，"你只要说出你的愿望，我一定能够让你的心愿成真。"

"感谢陛下您的慷慨，但是请给我一些考虑的时间，我仔细考虑

之后明天告诉您我的愿望可以吗？"

得到了皇帝的应允，塞塔就退下了。

第二天，塞塔如约而至，来到了皇帝面前，然而他提出的微小的愿望却让皇帝大为吃惊。

"陛下，我想请求您在象棋棋盘的第一个格子给我一粒小麦。"

皇帝诧异地问道："就只是一粒小麦吗？"

"没错，陛下。我请求您在第二个格子给我2粒麦子，第三个格子给我4粒，第四个格子8粒，第五个格子16粒，第六个格子32粒……"

皇帝非常生气地打断塞塔的话："闭嘴！你设计了那么奇特的发明，现在希望得到的赏赐仅仅是一堆小麦，你真是辜负了我的好意和慷慨！你向我索要这么一个无足轻重的赏赐，简直就是在侮辱我的仁爱和慈善，作为一名教师，你应该学会如何

尊重国君，这样才能以身作则，为你的学生树立良好的榜样。你退下吧，你将会得到这些小麦：每一个格子的麦粒数目是前一个格子的2倍，我会让仆人把小麦给你送过去。"

塞塔轻轻笑了笑，然后退出会客大厅，来到宫殿门口静待领取他的赏赐。

第二段故事

进午膳的时候，皇帝又突然想起了象棋的发明者塞塔，于是派人去看这个草率的人是否已经轻而易举地领走了自己的赏赐。

"陛下，我们正在准备给塞塔的小麦，只是宫廷的数学家们正在按照您的旨意计算塞塔应该得到的麦子的数目呢。"

皇帝对于仆人们如此之慢地执行他的命令感到很不开心！

晚上就寝之前，皇帝再一次问起这件事情的进展。

"不是的，陛下，数学家们还在废寝忘食、夜以继日地计算着，他们预计能在第二天清晨之前计算出应该给塞塔多少小麦。"

这样一件小事都办得拖泥带水，皇帝非常恼怒，发火道："这么小的事情都办不好！在我明天早上醒来之前必须把赏赐给塞塔的小麦都让他带走，不要让我再一次下命令！"

然而第二天清晨，首席宫廷数学家却有要事向皇帝启奏，皇帝让仆人宣数学家觐见。

舍拉姆先开口询问："在你上奏事情之前，我希望你先告诉我塞塔索要的微不足道的赏赐有没有落实，他有没有带走麦子？"

这位年长的数学家说："陛下，我们就是因为这件事才斗胆这么早来向您启奏，通过我们仔细的计算发现，塞塔想要得到的小麦数目简直就是一个天文数字……"

皇帝气愤地打断数学家的话说道："能有多大！我根本不缺粮食，而且赏赐的旨意已经下达了，我怎么能收回成命呢？所以必须发放给塞塔。"

"陛下，请您相信我，您真的无法实现塞塔的这个愿望。您所有的粮仓中所有的粮食也无法满足塞塔的请求。而且，咱们整个国家的粮仓，甚至是全世界也没有这么多的粮食。倘若您一定要坚持履行您的诺言，向塞塔发放那么多小麦的话，那么请求您下旨将我们整个国家的所有土地都开垦成耕地，将所有荒原都种上小麦，然后将这些地方产出的所有小麦全部都交给塞塔，这样才能让他领到属于他的赏赐。"

听了这位老数

学家的话，皇帝瞠目结舌。

皇帝思考了一会儿对老数学家说："请你把计算出来的恐怖的数字告诉我吧。"

"18446744073709551615粒粮食。陛下，一个10亿中含有100万个100万，一个万亿中含有100个10亿。"（这是科学的表述。但在现实生活中，一个10亿记作1000个百万，一个万亿记作1000个10亿。皇帝答应给塞塔的粮食的数目，用日常的语言陈述出来的话应该是1844亿亿加上6744万亿，加上737亿，加上955万，最后加上1615。）

第三段故事

这就是关于象棋棋盘的一个传说，这个故事是真是假我们不得而知，但是这个故事中关于麦粒数目的这份奖励所计算出来的数字的确是正确的，你可以尝试着计算一下来验证。从1开始，分别加上下列数字：1，2，4，8……将2进行63次方的计算，所得到的结果是棋盘中第64个格子皇帝应该给塞塔的小麦数目。按照我们这本书前面的计算方法，给最后一个数字乘以2再减掉1，我们很容易就可以得到结果了。所以这个题目主要就是要计算出64个2连续相乘的结果：

$2 \times 2 \times 2 \times 2 \times 2$ ……

（一共64个2相乘。）

为了让计算更加简便，我们先把这64个乘数2分成组，每个组10个2，那么先分成6个组，多余出来的4个2单独成一组。然后我们可以轻而易举地计算出10个2的乘积是1024，4个2的乘积是16，所以我们最终要得到的结果是：

$$1024 \times 1024 \times 1024 \times 1024 \times 1024 \times 1024 \times 16$$

我们再计算1024×1024，得到的结果是1048576。那么现在需要计算的算式就简化成了：

$$1048576 \times 1048576 \times 1048576 \times 16 - 1 = 18446744073709551615$$

大家应该很难想象这个巨大的数字到底有多大，这么多粮食到底需要多大的粮仓才能装得下，那么我们计算一下：每立方米的小麦大约是1500万粒，也就是说，塞塔应该得到的麦粒数目所占的体积应该是：

$$\frac{18446744073709551615}{15000000} = 12000000000000 \text{立方米（或者说是12000立方千米）}$$

假设我们要把这些麦粒放置在高4米、宽10米的粮仓中，那么可以计算出来这个粮仓的长度应该是300000000千米，而这个距离等于地球到太阳距离的2倍。

第四段故事

显而易见，这么庞大的麦粒数目的奖励，这位印度皇帝自然是无法兑现的。实际上，他是可以避免这么繁重的任务的，这个方法就是让塞塔亲自去数他应该得到的麦粒数目。

倘若塞塔自己数他的麦粒的话，我们假设他数一粒需要一秒钟，那么即使他夜以继日地数数，一整天下来，他也才只能数出86400粒粮食，

俄斗是旧俄制体积单位。
1俄斗≈26.239升。

俄担是旧俄制体积单位。
1俄担=8俄斗≈210升。

约$\frac{1}{4}$ 俄斗。那么他要数100万粒麦子则需要不分昼夜地连续工作10整天。也就是说，1立方米的麦粒就足够他数上大半年了。所以，即使不间断地数10年，也只能数出约100 俄担 麦粒。就算塞塔用尽他一生的时间来数麦粒，他最终得到的也只是他自己所要求的赏赐中特别少的一部分。

快速繁殖

罂粟果在成熟之后，果实里面就会有很多微小的种子。每一粒种子都可以生长成一株罂粟，那么如果这些种子都可以发芽，一株罂粟可以繁殖多少株罂粟呢？

我们想要知道答案，所以进行了一项很无趣的实验，就是一个一个地数了一颗罂粟果实中的种子数目，我们耐心地数完之后发现计算结果还是很有趣的，我们得到的结果是，一颗罂粟果实中竟然有3000粒种子！

这能说明什么呢？说明如果周围的自然环境合适，而且一颗罂粟果实中的每一粒种子进入土壤之后都能发芽长成植物，那么到第二年的夏天，这里就会有3000株罂粟植物。一颗罂粟果实竟然可以繁殖出一片罂粟，简直太奇妙了！

接下来会发生什么事情呢？我们假设这3000株罂粟每一株能结出至少一

个果实（一般情况下都会结出好几个），而每一个罂粟果实还是有3000粒种子；如果这些种子继续进入土壤，生根发芽，长成罂粟植株，那么每一颗果实依旧可以长出3000株，也就是说，到第二年的时候，这片土地就会长出3000×3000＝9000000株罂粟。

到第三年的时候，我们可以很容易地计算出来，从最初的一颗罂粟果实就已经可以繁殖出：9000000×3000＝27000000000株罂粟了。

第四年的时候，会长出：27000000000×3000＝81000000000000株罂粟。

第五年的时候，繁殖出的罂粟植株的数目已经达到：81000000000000×3000＝243000000000000000株。

我们地球上所有的大陆和岛屿的面积仅仅有135000000000000平方米。假设罂粟果实的每一粒种子都可以长成一株罂粟，那么5年之后它所能繁殖的植株就可以覆盖整个地球表面，到那个时候，陆地表面每平方米都会郁郁葱葱地生长着2000株罂粟植物。所以可以看出来，一粒并不起眼的罂粟种子，繁殖出的植株数目竟然如此庞大！

那么假设我们的研究对象是一种果实比罂粟少一些的植物，但还是同样的道理，我们还是能得出同样的结论，只是这种植物想要覆盖陆地表面需要的时间不是5年，而是更长一些的时间而已。

我们就拿蒲公英来说吧，每一年每一株蒲公英可以生产出100粒种子，依旧假设这100粒种子都会长成蒲公英植株，那么我们每年得到的蒲公英的数目情况如下：

第一年：1株。

第二年：100株。

第三年：10000株。

第四年：1000000株。

第五年：100000000株。

第六年：10000000000株。

第七年：1000000000000株。

第八年：100000000000000株。

第九年：10000000000000000株。

从以上的繁殖规律，我们可以得出，在第九年的时候，蒲公英也会将所有的陆地覆盖，而每平方米所生长的蒲公英是70株。

但是，大家看到会反问，既然这些植物繁殖能力如此惊人，那为什么在现实生活中并没有见到过这种情况呢？原因其实很简单，因为大多数的植物种子还没有生根发芽就死掉了：有的是因为没有掉落在适合的土壤里面；有的虽然发芽了，但是它们的生长会被其他强势的植物阻碍；有的会被动物吃掉。也正是这些原因导致了植物的种子和幼苗大量地死掉，我们的地球才没有在短短几年之内被各种各样的植物所覆盖。

相比植物，动物的繁殖也是一样的。如果它们没有死亡，那么任意一对动物繁衍出来的后代最终都有可能代替人类占领地球。比如蝗虫，蝗虫的家族非常壮大，我们试想一下，倘若它们一直繁衍，而没有任何伤亡，会出现怎样的情景？那么在未来的二三十年之后，地球的陆地表面会布满各种各样的植物，森林草丛；成千上万的动物为了争夺生存空间而相互厮杀；海洋中充斥着各种鱼类，导致船只根本无法航行；空气也因为天空中到处都是鸟类和昆虫变得浑浊不堪……

这里，我们再举一个苍蝇的例子来说明动物繁殖的速度到底能有多快。假设每一只苍蝇可以产120个卵，一个夏季可以繁衍7代。我们再假设苍蝇第一次产卵的时间是4月15日，而一只母蝇20天之内就可以长大并且进行产卵。那么我们可以对苍蝇的繁衍情况总结如下：

4月15日：一只母蝇产下120只卵

5月初：产出120只苍蝇，其中母蝇60只

5月5日：每只母蝇产卵120只

5月中旬：产出60×120＝7200只苍蝇，其中母蝇3600只

5月25日：3600只母蝇中，每一只产卵120只

6月初：产出3600×120＝432000只苍蝇，其中母蝇216000只

6月14日：216000只母蝇中的每一只产卵120只

6月底：产出25920000只苍蝇，其中母蝇12960000只

7月5日：12960000只母蝇中的每只产卵120只

7月中旬：产出1555200000只苍蝇，其中母蝇777600000只

7月25日：产出93312000000只苍蝇，其中母蝇46656000000只

8月13日：产出5598720000000只苍蝇，其中母蝇2799360000000只

9月1日：产出335923200000000只苍蝇

　　为了大家能够更加直观地理解这个庞大的数字，我们可以把这些苍蝇一只一只头尾相连在一起形成直线，假设每只苍蝇长7毫米，那么这些苍蝇连接形成的直线的长度是2500000000千米，这个距离是地球到太阳的距离的17倍，几乎就是地球到天王星的距离。所以，我们可以看出来，在没有任何外界因素的影响下，一对苍蝇一个夏季就可以繁衍出如此庞大的苍蝇家族！

免费的午餐

第一段故事

10个年轻人刚刚中学毕业，于是商量着一起去一家餐馆聚餐庆祝一番。等10个人都到了之后，服务员为他们端上来了第一道菜。这时他们却为座位问题争吵不休，有的人认为应该按照姓名的字母顺序就座，有的人认为应该按照年龄的大小就座，有的人认为应该按照学习成绩就座，而另一些人则认为应该按照身高就座……大家一直为此僵持着，直到菜都凉了，他们还没有商定好到底如何就座。

聪明的服务员最终出面解决了这10个人的矛盾，他说："亲爱的朋友们，你们先别吵啦，大家先随便找个位置坐下来听我说。"

10个年轻人都就近坐了下来，于是服务员接着说："大家分别记住自己现在的座位号，你们明天继续来我们这里就餐时，就按另外的座次就座，后天再用其他不同的方式就座，按照这样下来，你们终究会坐遍所有的位置，等到你们所有人重新回到今天你们所坐的位置上的时候，我

向大家保证，我会请你们吃一顿最美味的免费午餐。"

这10个年轻人都非常满意这个聪明的服务员提出的建议，于是，他们为了能吃到那顿美味的免费午餐，决定每天都相约在这家餐馆按照不同的座次就餐。

第二段故事

事实上，他们根本等不到这一顿免费午餐，并不是因为这个服务员不守信用，而是他们10个人可能出现的座次顺序实在是太多了，根据排列组合计算一下，有3628800种就座方式，也就是说他们要接连不断地在这家餐馆吃3628800天的午餐，而这么多天大约是9942年，都接近10000年了。为了那顿美味的免费午餐，这几个年轻人要等的时间真的是太长了……

第三段故事

或许大家会认为，就只有10个人，怎么会有那么多种就座方式呢？那么我们来通过计算验证一下这个结果。首先，我们要先明白他们座位的变化次序，为了计算简便一些，我们先用3种物体的排列次序计算吧。我们假定这3个物质分别是A、B、C。

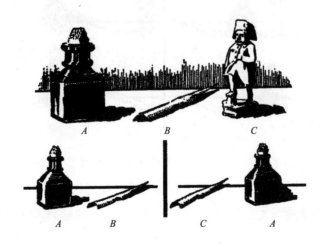

那么，我们需要知道的就是这3个物体如何变换位置。假设*C*物体在最右侧，那么*A*和*B*这两个物体就有两种摆放方式：

我们现在把*C*物体也放进这两组队列里面，有三种方式：

●把*C*放在每一列之后。

●把*C*放在每一列之前。

●把*C*放在*A*和*B*两个物体之间。

所以*C*物体只有这三种摆放方式，不再可能有其他的摆放方式。而我们*A*和*B*两个物体有两种排列方式，*AB*和*BA*，所以这三个物体的摆放方式总共有 $2 \times 3 = 6$ 种。具体排列方式如下所示：

ABC BAC

CAB CBA

ACB BCA

那么，我们接下来如果摆放4种物体呢，会有多少种排列方式呢？假设这4个物体分别是*A*、*B*、*C*、*D*，和之前一样，我们先把其中一个物体*D*放在一边，暂时不考虑，先计算出*A*、*B*、*C*这三种物体的排列方式总共有几种，

前面我们已经计算过了是6种，然后我们现在要把D物体放置到这6种排列方式中去，很明显，我们可以有4种摆放方式：

- 把D放在每一列物体的后面。
- 把D放在每一列物体的前面。
- 把D放在A和B之间。
- 把D放在B和C之间。

所以，我们可以得到，4种物体的排列方式总共有：

$$6 \times 4 = 24$$

因为$6 = 2 \times 3$，$2 = 1 \times 2$，所以这个结果我们换一种乘法表示出来：

$$1 \times 2 \times 3 \times 4 = 24$$

根据这个方法，同样地，我们就可以轻易地计算出排列5种物体时所有可能的排列方式总共有：

$$1 \times 2 \times 3 \times 4 \times 5 = 120$$

那么6种物体的排列方式总共有：

$$1 \times 2 \times 3 \times 4 \times 5 \times 6 = 720$$

按照这一规律，我们可以轻松地计算出上述故事中的10个年轻人的就座方式总共有：

$$1 \times 2 \times 3 \times 4 \times 5 \times 6 \times 7 \times 8 \times 9 \times 10 = 3628800$$

可以看出这里计算的结果与前面给出的数字3628800是一致的，所以经过验证是正确的。

第四段故事

假设这10位年轻人中有5位女生，而且她们希望能够和男生交替着坐，这样一来，虽然就座方式大大减少，但是想要计算出结果就会变得比较复杂。

首先，我们先假设一位男生随意坐在其中一个位置上，而剩下的4位男生，每两人之间都需要留出一个空位置让女生坐，那么不同的就座方式就有

$1 \times 2 \times 3 \times 4 = 24$种，因为有10把椅子，因而第一个随意就座的男生有10种就座方式。那么，这5位男生的就座方式就有$10 \times 24 = 240$种。

现在，算完了男生的就座方式，再来看5位女生的就座方式。而能让这5位女生坐在两个男生之间的空位上的就座方式总共有$1 \times 2 \times 3 \times 4 \times 5 = 120$种。

最后，再将男生可能的就座方式240种与女生可能的就座方式120种相乘，就得到了这个要求下就座方式的总数是：$240 \times 120 = 28800$种。

相比之下可以看出，这种就座方式就比之前的方式少了很多，那么按照这种方式就餐，他们需要大约79年就可以享受这顿美味的免费午餐，所以假设这些年轻人可以活到100岁，还是有可能吃到免费午餐的，只是那时候可能向他们允诺的服务员就不能来招待他们了，而是她的继承者了。

诚实的收获

一位小商贩想要去市场上卖掉他的几袋子坚果，到达市场之后，他从马车上卸下了他装满了坚果的袋子，然后想要把马车赶回去。与此同时，他又想起来还要去其他地方办一件事情，这中间肯定要耽误很长时间，但是又不能把这些坚果堆在市场上不管不顾，这时该怎么办呢？小商贩想拜托一个人来照看，不过找个什么人来看管坚果会比较划算呢？

这个时候，一个叫斯捷普卡的流浪儿进入这个小商贩的眼帘，这个小孩子每天都会来市场上找各种各样的活儿干，以保证他不会饿着肚子，他有时候会帮别人推小推车，有时候会帮忙把蔬菜摆放整齐，有时候是替别人打扫卫生。由于斯捷普卡是一个非常勤劳聪明的小孩子，所以人们也都很乐意找他帮忙。

"斯捷普卡，你现在能帮我照看一下我的这些坚果吗？"小商贩问他。

"需要我照看多长时间呢，会很久吗？"

"这个我暂时也不能确定，需要看我的具体情况，但是你别担心，我会给你付相应的报酬的。"

"那你打算给我多少报酬呢？"

小商贩担心这个小男孩会狮子大张口向他要过多的钱，于是小心翼翼地先询问清楚："你想要拿到多少薪酬呢？"

斯捷普卡思索了片刻回答道："就以一颗坚果作为我第一个小时的报酬吧。"

"肯定没问题！那之后的第二个小时呢？"

"两颗坚果。"

"没有任何问题！倘若我三个小时还是没有回来呢？"

"那你需要给我4颗坚果。如果3个小时之后你依旧还没有出现，那第四个小时我得到的报酬应该是8颗坚果；第五个小时我得到16颗坚果；第六个小时……"

"好啦，不用再浪费时间解释了，就是说你每个小时得到的坚果数只是前一个小时的2倍。"小商贩不耐烦地打断了斯捷普卡

的话，"我完全同意你的要求，但是如果我天黑之前还是没有回来，你依旧不可以离开这个市场，你需要继续帮我看管好这些坚果。"

找到了这么一个廉价劳动力来看管坚果，即使小商贩一整天不来市场，他不过也就只是损失一把坚果而已，越想小商贩越是开心，于是心满意足地离开了。

在天黑之前，小商贩就顺利地处理好了他自己的事情，这时他本应该去市场上接替斯捷普卡，但是他却回家睡觉了，因为他认为："晚上又不会有什么人来买我的坚果，更何况坚果也有斯捷普卡在看管着，而且小孩子也答应了不会离开，那么我还过去干什么呢？大不了明天再支付给他一大把坚果就好啦。"

到了晚上，其他商贩都已经收拾好货物回家了，但斯捷普卡依旧履行着承诺，认真地看守着坚果，并且暗自笑了笑。

第二天清晨，小商贩来到了自己的坚果边上，却看到斯捷普卡正在把坚果袋子逐一地往他自己的小车上面装。

"等一下！你这个小偷，你要干吗？你要把我的坚果运到哪里去？"小商贩歇斯底里地朝斯捷普卡喊道。

然而斯捷普卡非常淡定地回答道："这些坚果之前的确是你的，但是按照我们之前的约定，现在都属于我了。"

"你要想清楚，我们昨天约定的只是你负责帮我看管坚果，但是你却是想偷我的坚果！"

"我为你看管了一整天的货物，而现在这些坚果只是我应得的报酬而已，所以并不是偷你的。"

"你只看管了一天的坚果，凭什么说这些坚果现在都属于你，你只能拿走你应得的那一部分，剩余的部分不要动！"

"我拿走的都是我应得的报酬，并没有动你的东西，而且仅仅这些坚果并不够我的薪酬，你还需要再支付给我一笔钱呢。"

"莫名其妙，怎么可能还要我付钱给你？那你现在倒是说说我需要再给你支付多少钱呢？"

"大概是现在的1000倍吧，你可能不会相信，那我们来计算一下吧。"

"只有一天，24个小时而已，还需要计算吗？我看是你根本不会计算吧？"

对于计算这个问题，你觉得小商贩和斯捷普卡谁才是真正不会计算的那个人呢？

好啦，通过接下来这个计算我们将会看出，不会计算的人其实是这个小商贩，而斯捷普卡计算得完全没有问题。

第1个小时斯捷普卡可以得到1颗坚果作为报酬。

第2小时：2颗

第3小时：4颗

第4小时：8颗

第5小时：16颗

第6小时：32颗

第7小时：64颗

第8小时：128颗

第9小时：256颗

第10小时：512颗

这10个小时下来，小商贩不过只需要给斯捷普卡支付1000多颗坚果而已，这看起来也不至于会让小商贩破产，然而，如果你继续往下计算就可以得到斯捷普卡的报酬为：

第11小时：1024颗

第12小时：2048颗

第13小时：4096颗

第14小时：8192颗

第15小时：16384颗

虽然这些数字的总和已经比较大了，但是也不至于会有上千袋坚果吧？不过大家先不要妄下定论，再往下计算计算再说吧：

第16小时：32768颗

第17小时：65536颗

第18小时：131072颗

第19小时：262144颗

第20小时：524288颗

到第20个小时，斯捷普卡应该得到的坚果数目加起来已经有100多万了，但是这还不够一整天呢，还有4个小时没有计算呢：

第21小时：1048576颗

第22小时：2097152颗

第23小时：4194304颗

第24小时：8388608颗

现在，我们需要把这24个小时斯捷普卡应得的所有坚果数目加起来，可以得到这样一个结果：16777215颗，大概已经是1700万颗坚果了，所以斯捷普卡所说的他应该得到上千袋坚果是完全没错的。

Chapter 3
不是不可能

剪子和纸片

那间装修完的屋子里，只有一些寄过的明信片和墙纸花纹的纸条，乱糟糟地堆在角落里。我实在想不出这些东西能有什么用处，觉得它们大约也就只能用来放入炉子了吧。但其实就算是这些毫无用处的东西，也能玩出很多花样。哥哥就用这些东西带我玩了很多极其有趣的游戏。

哥哥先用一些纸条开始变魔术。

他拿着一个有三个手掌长度的纸条对我说："现在，把这个纸条剪成三个部分。"

我刚打算抬起剪刀咔嚓剪断，就被他拦住。他补充道："慢着，我还没说完呢。你只能用一刀来把这个纸条剪成三段。"

加了这个要求之后问题就变得困难了。我不断地尝试各种方法，试得越多越发现这是一个无解的难题。最终，我认输了，觉得自己完全不可能办到。

"这完全就是不可能办到的事情啊。"

"你自己好好思考，这其实很简单，你肯定能做到，并且你也能自己想出方法。"

"我早就想过了，这根本就是无解的。"

"那你可说错了。把剪刀递给我，我给你示范。"

哥哥接过纸条和剪刀，将纸条对折，再把它从中间剪开。这样就将纸条剪成三段。

"明白了吗？"

"天哪，你怎么想到把纸条折弯了！"

"那你怎么想不到折弯它呢？"

"你之前可没跟我说可以把纸条折弯呀？"

"那我有说不可以折弯它吗？还不快承认你自己没答对。"

"那你再出一道题。我肯定答得出来。"

"你看，我这里还有一张纸条，不管你用什么办法只要把它侧立在桌子上就可以啦。"

"侧立在桌子上？"我想了好一会儿才想起来纸条是能被折叠的。然后我就把纸条取出来对折出一个褶皱，侧立在桌子上。

"没错！"哥哥很满意。

"那再来一题！"

"请听题！我把这几张纸条粘在一起，做成一个纸环。我给你一支红笔和一支黑笔，你用黑笔沿着外围的圈画一条线，再用红笔沿着内圈画一条线。"

"之后呢？"

"这样就好了。"

这简直太简单了！但这么简单的题目我却也做不出来。因为当我

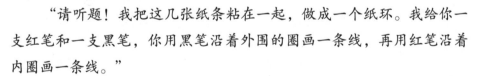

刚用黑笔将两段画的线连起来的时候，就发现我的纸环两侧都被画出了黑色线条。这样根本没有办法画上红线。

"那你再给我做一个纸环吧，我第一个画错了。"我很无奈。

结果还是一样，第二个我竟然也没画出来。同样的问题，我都没发现我是怎么画错的，为什么就成了一条直线呢？我很纳闷。

"这怎么可能啊？莫名其妙，我又画错了，请再给我一个吧。"

"没关系，接着来。"

这次又是什么情况呢？不知道大家能不能猜到，我把纸环两侧都画了黑色线条。

"你瞧瞧，这么简单的题目你都没能完成！"他笑了笑，继续不紧不慢地说，"看好了，我来给你演示一下怎么一次就完成。"

哥哥又重新做了一个纸环，只一次便在内侧画了一条红线，外侧画了一条黑线。

我也尝试着重新拿出纸环，小心谨慎地模仿他在纸环内侧画红线并且保持不让外侧被画到。结果我又失败了，我把纸环两侧都画上了红线，我更加不解，将纸环递给哥哥。哥哥狡黠地看着我，笑了。看着他那怪异的表情，我才怀疑事情可能不太对劲。

"咦，你怎么笑得这么诡异……难道……难道这是一个魔术吗？"我满脸疑惑。

"好了，现在我已经对这个纸环施了法术，它不是一个普通的纸环了。你再来试一试吧，用它来做一些不同的事情，你可以将它剪成两个更细的纸环。"

"这多简单！看好了！"

随着剪刀"咔嚓"一声，我的动作很迅速，我拿着剪开之后的纸环，展示给哥哥看，但是我却发现，这不是两个纸环，竟然成了一个拉长的纸环。

"哟，在哪儿呢，你所说的两个纸环我可没看到哦。"哥哥表情越加诡异。

"不行，我再试一次！"

"放心，你还是会剪成这样的，一模一样。"

我不信，就又剪了一次。不过这一次，我真的剪出了两个纸环，但它们却缠绕在了一起，我根本没有办法把它们分开。正如哥哥所说，这纸环的确像是被施了魔法一样。

"其实吧，这里的秘密非常简单。如果在将纸条连在一起之前按照图示方法绕上一圈，拧起来，这个问题就迎刃而解了。"

"这就是全部的秘密吗？"

"你仔细想一下，我之前也是在普通的纸环上画出的线条，那我现在将纸条末端拧两圈而不是一圈还会有更有趣的结果。"

哥哥用他刚刚说的方法又做出了一个纸环，递到了我的手上。

"剪剪看，你看会有什么结果呢？"哥哥鼓励我。我按照他的方法剪，最终得到了两个纸环，但是它们竟然是串在一起的，太不可思议了，我竟然做出了三个纸环并且是三对无法拆开的纸环。

"你再想想看，如何将这四对纸环连成一个完整的链条呢？"哥哥又问。

"这可难不倒我，首先要把每对纸环其中一个剪断，然后再用这个纸环把其他的纸环串联在一起，最后用胶水粘起来就大功告成啦。"

"所以你是想说，你想要把三个纸环全部剪开吗？"

"必需的啊。"我不假思索地说。

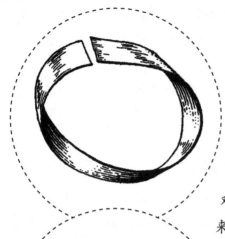

"那如果没有三个纸环怎么办呢？"

"我们一共有四对纸环呢，按照你的说法只剪开其中的两个纸环，根本就没办法将它们都串在一起。"

他没有理会我的发问，径直拿起了我手里的剪刀，默默地把一对纸环全部剪开，然后再用这剪下来的两个纸环分别串起剩下的三对纸环，这样一条完整的由8个纸环串联而成的纸链就诞生了。果然是最简单的方法，出乎我的意料。

"这纸条的戏码我们已经玩好久了，换个别的继续吧。你不是有很多空白的明信片吗，拿过来吧，这些明信片也有很多有趣的玩法哦。你试一试从一个明信片上剪出一个最大的洞。"

我又理所当然地拿起剪刀，先刺穿了明信片，接着沿着四条边认认真真剪出了一个大窟窿，之后只剩下极窄的边缝。

"不可能有比我这个窟窿还大的洞了！"

我得意地将作品拿给哥哥看，很显然我对它非常满意。

哥哥看了看已经剪成的纸条，似乎想说什么。

"你这个窟窿也不是很大呀，最多只能放进去一只手。"

"不然呢，你还想把你的头都塞进去吗？"我觉得简直不可思议。

"那都算小的了，如果能把我整个人都塞进去，那才能达到我的要求呢！"

"什么？你想要用这张卡纸剪出比人还大的窟窿？"

"没错，确实需要剪成比这张纸大很多倍的洞。"

"别开玩笑了，这种事情绝对是不可能的，量你也做不出来。"

哥哥不屑地看了我一眼。我紧紧地盯着他的双手。首先，他将明信片对折，再用铅笔在两个长边上各画一条直线（ 图1 ），再向A点上方剪一刀到上面的线处停下来，接着再从旁边由上往下剪，并到下面的线处停止。不断地循环往复上下裁剪，直到B点截止（ 图2 ）。然后把A到B两点豁口之间阴影部分的底边剪掉。最后，把剪完的明信片拉开，纸就变成了很大的纸环，大功告成。

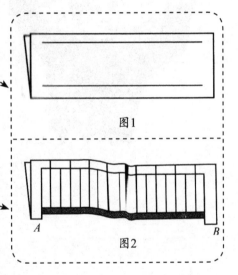

图1

图2

"完成了。"哥哥向我宣布。

"哪儿来的什么窟窿，我没看到啊。"

"再仔细看看！"

哥哥把明信片一把拉开。瞬间它就成了一条长纸链。

然后哥哥顺手就把它套在了我的脑袋上，纸链顺着我身体下滑掉落到了脚边。

"我说得没错吧，你肯定能穿过这个大窟窿。"

"这么大，简直两个人都能够站进来。"我很惊诧。

时间不早了，哥哥赶紧结束了他的表演。他答应我下次的表演一定会有新的魔术，不过下次就不用纸，换成硬币了，我满心欢喜地期待着。

硬币戏法

"昨天说好的魔术表演什么时候开始，用硬币的表演。"刚吃完早饭，我就迫不及待地找哥哥去了。

"这么一大早就开始吗？你可真磨人，那好吧，给我找一个空碗来。"

拿出空碗后，他丢了一枚硬币到那个碗里。

"盯着碗看，不要走神，也不要乱跑，更不要身体前倾。现在，应该能看到那枚硬币了吧。"

"能看到。"

哥哥移动了一下碗。

"那现在能不能看到呢？"

"现在硬币被遮住了大部分，只能看到边缘处了。"

哥哥又将碗移动了一下，直到我完全看不到那枚硬币才停了下来。

"现在你坐好了，别乱动，我把碗里加满水，你再看看硬币，现在怎么样了？"

"我又看到那枚完整的硬币了，这是怎么回事呀？竟然它跟碗底一起向上浮动了一段距离！"

哥哥拿起了笔，给我画出了一个装有硬币的碗的示意图（图3），我一下子恍然大悟。我们都知道光线是沿着直线传

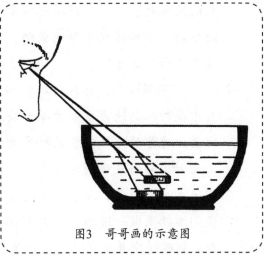

图3　哥哥画的示意图

播，那么当硬币在没有水的碗里时，由于碗是不透明的，而又恰好隔在硬币和我的眼睛之间，所以任何一条从它反射出的光线都不能传到我的眼睛里。但是哥哥在碗里加满了水之后，情况就完全不同了，硬币反射出的光线从水中射入空气中时，产生了折射的现象，就是一种弯折，之后越过碗壁的最高处射入人的眼睛。大家如果按照光线的直线传播原理来试图解释这种现象，就会得出硬币升高了的错误结论，而我们认为的升高的位置实际上就是眼睛沿着折射后光线的那条直线逆向看到的地方。所以，我们就觉得碗底和硬币一起往上浮动了。

"当你在游泳的时候这个实验也是适用的哦，"哥哥继续补充，"当你认为在能看到水底的浅水处游泳时，千万不能忘记，由于有折射的缘故，所以你看到的位置一定会比实际的位置要高，而且大约能高出整个深度的 $\frac{1}{4}$。就比如说，实际深度为1米时，你所看到的只有75厘米深。这也就解释了为什么在浅水处有更多孩子发生不幸。可见错误估算水的深度是多么可怕。"

"我还观察到一个现象，每次当我们驾驶着小船滑行在能看见水底的地方时，就会觉得深水区永远就在小船的正下方。并且随着小船的移动，深水区也不停地变动。而周围水域却一直让我们感觉很浅，这又是为什么呀？"

"根据我们上面探讨过的内容，这个问题应该就不难理解了。这其中最神秘的地方就在于深水处反射出的光线几乎都是垂直射出来，比其他地方的光线改变的幅度大为减小。所以水底反射出的垂直光线比反射出倾斜光线的地方看起来的水面移动位置要小很多。这就给我们造成一种错觉，深水处永远在船的正下方，但实际上水底是平的。我们继续来做一道题：现在有10个碟子和11枚硬币，你需要将所有硬币放到碟子中并且保证每个碟子只能放一枚硬币。"

"这是个物理实验吗？"

"不是哦，这只是一道心理学的题目，来试试看。"

"把11枚硬币放到10个碟子里面，并且每个碟子只能放一枚硬币——这——这根本不可能，我做不出来。"我显得很窘迫。

"试一试吧，我跟你一起做。我们首先把第一枚硬币放到第一个碟子里面，顺便暂时放进去第十一枚硬币。"

我听话地把两枚硬币放入了第一个碟子。我对接下来将要发生的事情很好奇。

"两枚硬币都按照我说的放了吗？那么接下来我们把第三枚硬币放到第二个碟子里面，第四枚硬币放到第三个碟子里，第五枚硬币放到第四个碟子……以此类推，全部放好。"

我完全照着哥哥的要求办了。但是当我把第十枚硬币放到第九个碟子里之后，我突然神奇地发现，还剩下一个碟子空着。

哥哥得意地把暂时寄存在第一个盘子里的第十一枚硬币取出来放到了第十个碟子里，边做边说："现在，我们把那个多余的硬币放到这个空碟子里来。"

这简直难以置信，现在完全做完了那道题：11枚硬币放到10个碟子里，而且每个碟子都只有一枚硬币！

哥哥看出了我的疑惑，迅速收拾起了碟子和硬币，不打算向我解释这其中的奥妙。

"你自己来猜猜，这个过程可比我跟你直接说答案有趣得多呢，对你也更有益处。"

哥哥完全不搭理我的疑问，瞬间就准备安排新任务了。

"现在我给你6枚硬币，你需要把它们排成三列，每列三枚。"

"这很明显需要9枚硬币呀。"

"9枚硬币当然可以排列出来，但是今天你一定要用6枚硬币来

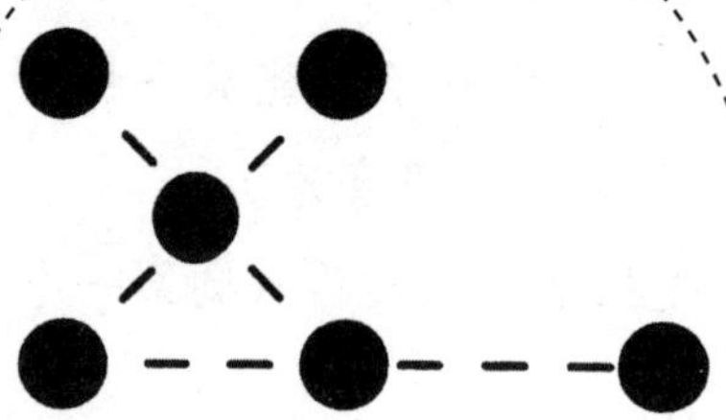

图4

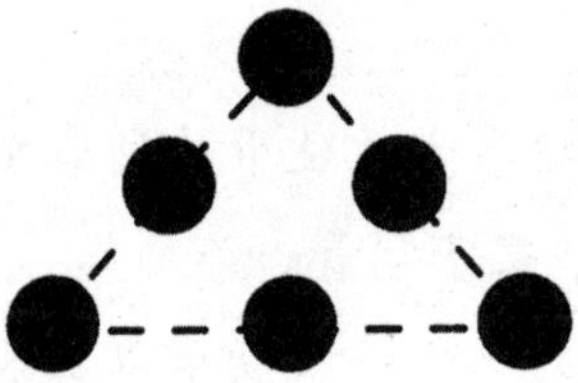

图5

完成。"

"这不会又是跟我开玩笑吧，太无厘头了。"

"你可不能这么轻言放弃！瞧着，我给你摆。"

哥哥不动声色地按照下面的方式把所有的硬币给排开了。

"你看看，这就是三列并且每列有三枚硬币。"哥哥边做边解释（**图4**）。

"那这三列硬币都互相交叉了！"我不服。

"那就让它们交叉呗，要求里可没有说不能让它们交叉哦（**图5**）。"

"你要是早点跟我说这条规则，那我肯定也能做得出来。"

"那你自己再琢磨琢磨吧，这道题还有别的解决方法呢，你待会儿再研究，不是现在。我再给你出三道同样类型的题目。请仔细听题。"

第一题：给你9枚硬币，把它们排成10列并且每列有3枚。

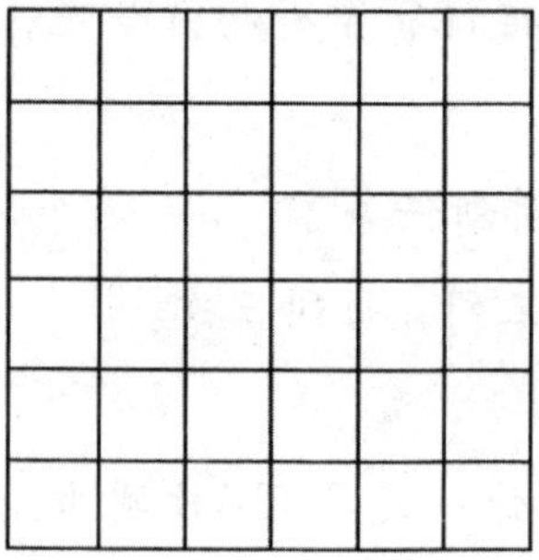

第二题：给你10枚硬币，你需要排成5列，让每列都有4枚。

第三题：我画一个大正方形，它由36个小正方形组成，你给这些正方形里面放置18枚硬币，记住每个小正方形中只能放一枚硬币，并且要保证每一横行和每一纵行都有3枚硬币。

等你完成这些题目，我们来做一个小游戏。"

说完，哥哥就摆出了三个碟子，还给第一个碟子里撒了一把硬币：最下面的是1卢布，上面依次压着的还有50戈比、20戈比、15戈比、10戈比。

"我们要按照以下三个规则把硬币全部转移到第三个碟子里去。"

第一个规则：每次你只能动一枚硬币。

第二个规则：不可以把小面值的硬币放到大面值的硬币的下面。

第三个规则：满足前两个规则之后，可以暂时把硬币放到第二个碟子里面。

但是要保证全部完成游戏之后，所有的硬币都在第三个碟子里，连次序都要按照第一个碟子里那样摆放。

规则就这么多，不复杂吧。现在就开始做吧。"

我立刻就开始了行动。首先，我在第三个碟子里放入10戈比的硬币，中间那个碟子里放入面值15戈比的硬币。随即，我的困惑来了，还剩下了一个20戈比的硬币，它的面值可比10戈比和15戈比都要大，

应该把它放在哪里呢？

"遇到什么难事儿了？"哥哥走了过来，"你看着，如果先把10戈比的硬币放在15戈比的硬币的上面，也就是中间那个碟子，那么就能把20戈比的硬币放置到最后一个碟子里了。"

我立刻试了一下。刚刚解决这个难题，又一个新问题出现了：50戈比的放置问题。我想了想，最终问题迎刃而解。10戈比的硬币首先要被放到第一个碟子里，然后把15戈比放到第三个碟子，接着把10戈比的放到第三个碟子里15戈比的上方。这样再把50戈比放到第二个碟子里面。这样不停地挪动，最终我按照要求把那枚1卢布的硬币放到了第三个碟子里，并且让整摞硬币都按规则转移到第三个碟子里了。

哥哥对我的成功完成表示赞赏，问道："那你一共挪动了多少次呢？"

"我没数过。"

"那现在来数一下吧。这道题最有趣的地方恰恰在我们要用尽可能少的次数来完成游戏要求。假设我们只有两枚硬币，面值分别是15戈比和10戈比，一共要挪动多少次来完成要求呢？"

"只需要三次就好。你看，先把10戈比的硬币放在中间的碟子里，然后把15戈比放到最后一个碟子，最后再把中间的10戈比叠放在第三个碟子里15戈比的上方就完成了。"

"完全正确。我们继续增加硬币的数量，现在多了一枚20戈比的硬币。现在来算算最少需要挪动多少次呢？先来这么办：我们知道把最小面值的两枚硬币放到中间碟子里仅仅需要5步，然后再把20戈比移动到最后一个碟子，这样又算了一步。最后把中间的两枚硬币全部放到第三个碟子里，又需要三步。一共挪动3＋1＋3＝7次。"

"那我来算算4枚硬币的移动需要多少步吧！先移动7步把面值最

小的三枚硬币放到中间的碟子里，然后再用一步把50戈比的硬币放到第三个碟子里，最后把这三枚硬币全部叠放到第三个碟子中，这一操作需要7步。那么一共算下来是7＋1＋7＝15步。"

"原来是这样，那如果有5枚硬币呢？"

"只需要15＋1＋15＝31。"

"太棒啦，你已经学会这道题的解决方法，接下来我再来教你一种更神秘的简便方法。我们之前得到的数字是3、7、15、31，这些数字都是把2做两次或两次以上的乘法运算之后再减1。你瞧瞧这个！"

他指着列出的表格给我看：

3＝2×2－1

7＝2×2×2－1

15＝2×2×2×2－1

31＝2×2×2×2×2－1

"我现在看懂了，题目中给出多少个需要移动的硬币，就把相应个数的2相乘，最后结果再减去1即可。以此类推，我可以计算出任意移动个数的硬币需要的次数了。打个比方，一共7枚硬币的话，就需要2×2×2×2×2×2×2－1＝128－1＝127次。"

"很棒，你完全掌握了这个古老游戏的秘诀了。但还有一条规则你需要记住，那就是当硬币的数目是奇数时，你就要先把第一枚硬币挪到最后一个碟子里；硬币数目是偶数时，就需要把它挪到中间的碟子里。"

"等等，你说这是古老的游戏，它难道不是你创造出来的游戏吗？"

"当然不是了，我是把类似的游戏用硬币来玩而已。这个古老的游戏来源于印度，它还有个神秘的传说。在巴纳拉斯城的一个寺院里，印度婆罗门教的神创造了整个世界，并且制造了3根木棍，上面嵌

满了钻石。他在一根木棍上串了64个金环。那个寺庙的祭司们就需要将这些金环从一根移动到另一根上，其中第三根木棍可以用来协助。但是转移的金环需要按照我们刚刚游戏的类似规则来进行，也就是说每次只移动一个环并且只能把小环套在大环的上方而不能颠倒顺序。祭司们夜以继日地转移这些金环，据传说当64个金环全部按照规则转移完成之后，世界末日即将来临。"

"天哪，还好这个传说只是个传说。否则，这个世界早就被毁灭了！"

"看来你觉得转移这64个金环需要的时间很短啊？"

"那当然啊，你想想，如果祭司们一秒钟就完成一环的移动，那么一小时就是3600次移动。"

"接着算。"

"那一昼夜不就是100000次了，十天的话一共就能转移1000000次。这100万次难道还转移不了区区64个金环吗？我看1000个金环都能转移了吧！"

"那你可大错特错了！64个金环的转移可需要耗费5000000000000年！"

"这——这怎么可能！用公式算一算，转移的次数等于2的64次方，那么结果是……"

"是啊，也就是1844亿亿多啊！你现在还认为很少吗？"

"你可别蒙我，我现在就拿出计算器验证。"

"好啊，等你算完前，我还能干很多我自己的事情。"

哥哥就这么走了，我继续埋头苦算。我把2的16次方算出来，紧接着再把这个结果也就是65536做个平方，得出的数字再来一个平方。我可有的是耐心做这些无聊的活儿。最终结果出来了：18446744073709551616。

事实证明，哥哥是正确的。

接着，我开始做哥哥给我留下的其他题了。这些题倒并不是很难，有的简单到我信手拈来。比如那个之前做的把11枚硬币放到10个碟子里并且每个碟子只能放一枚硬币的题目，真是简单极了。按照哥哥说的，我把第一枚和第十一枚硬币都放在了第一个碟子里，然后放置第三枚，以此类推。我还是发现了其中的不对劲，那第二枚硬币去了哪里呢？完全被我们排除在外了，这才是其中的奥秘。

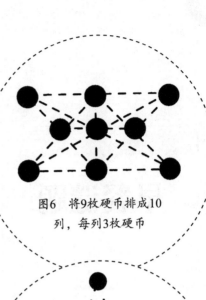

图6　将9枚硬币排成10列，每列3枚硬币

其他两道题目的结果图已经罗列在这里（图6和图7），这时再做排列硬币的题目就变得非常简单了。

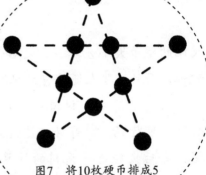

图7　将10枚硬币排成5列，每列4枚硬币

最终，把硬币放到每个小正方形里并且每个小正方形只能放一枚的那道题也解决了。36个小正方形组成的大正方形里放置了18枚硬币，这样能保证每一横行和每一纵行都是3枚硬币。

99

早餐谜题

早上，哥哥的一些朋友和我们一起吃早餐。哥哥的一个朋友突然对我们说："昨天，有人问了我一个很有趣的题目，这个题目是这样的，拿出一张纸，用剪刀在纸上剪一个圆形的洞，大约和10戈比的硬币大小差不多，之后你要从这个圆洞中穿过去一枚50戈比的硬币，而且这些人还信誓旦旦地说这是一件有可能做到的事情。"

哥哥听完之后说道："那现在让我们一起来看一看这件事情到底可不可行呢？"哥哥一边说着一边开始翻开他的笔记本查找一些数据，之后又经过一系列的计算，最终得出的结论是："他们说得没错，这件事情是完全可以办到的。"

这时候，一个客人很疑惑地问道："我不明白这到底是怎么做到的？"

我突然灵机一动，给这个客人解释道："我知道是怎么回事，是这样的，可以第一次先穿过一枚10戈比的硬币，然后再依次让第二枚、第三枚、第四枚、第五枚10戈比的硬币穿过这个圆洞，就可以完成把50戈比的硬币穿过这个只有10戈比硬币大小的洞了。"

"不是总共让50戈比穿过圆洞哦，是将一枚价值50戈比的硬币穿过这个圆洞。"哥哥及时对题目的真正意思进行了解释。

然后，哥哥对他之前所下的结论进行了验证：他首先拿出两枚硬币，一枚10戈比，一枚50戈比，然后把10戈比的硬币放在纸上，并且将硬币的圆形轮廓在纸上勾勒了出来，之后再将勾勒出来的形状用剪刀把这个圆圈剪出来。

"好了，我们现在就要把这枚50戈比的硬币穿过这个圆形的洞。"

我们将信将疑地看着哥哥开始操作。他首先将有圆洞的纸片折起来，通过调整折叠的方式使圆形的洞成为一条又细又长的狭缝。当哥哥使50戈比的硬币轻而易举地从这个狭缝中通过的时候，你们真的很难想象，在场的我们有多么诧异！

哥哥的那个朋友也很惊讶地感叹道："即使我亲眼看见了整个过程，但是我还是觉得非常不可思议，因为我们都知道纸上的圆洞只有10戈比大小啊，它的周长要比这个50戈比小很多呀！"

"那我来给你仔细解释一下你就会懂了。根据我所了解的常识，一枚10戈比硬币的直径大约是$\frac{171}{3}$毫米，那么根据周长计算公式C＝2πr，这个圆形小洞的周长大致是它的直径的$\frac{31}{7}$倍，计算出来它的周长大约是54.3毫米，那么你们仔细考虑一下，如果我把这个圆形的小洞折成一条细长的狭缝，这个狭缝的长度会是多少呢？它的长度基本上能够达到一半周长，所以，狭缝的长度大致是大于27毫米，而50戈比的硬币的直径，大家应该都知道，它是不到27毫米的，所以将一枚50戈比的硬币穿过这个圆洞是完全可以做到的事情。那么肯定还有人会问到，硬币是具有厚度的，难道不用考虑吗？那么请大家回忆一

下，我们在一开始用铅笔在纸上根据10戈比的硬币来描绘圆圈的时候，由于硬币具有厚度，所以我们画出来的圆圈周长本来就会稍大于硬币本身，所以在这里，我们就可以忽略掉硬币厚度产生的误差。"（图8）

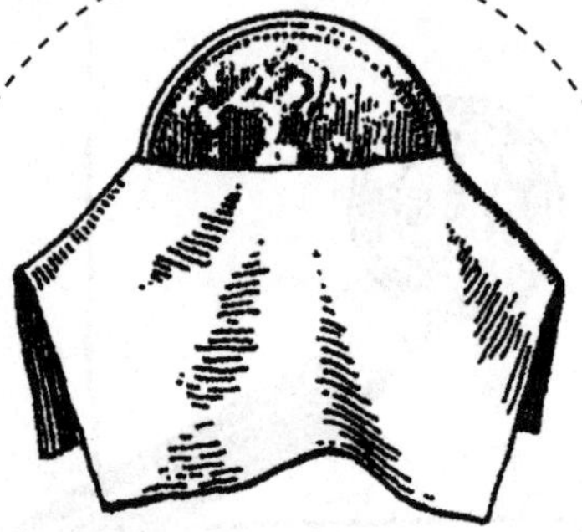

图8

哥哥的朋友惊呼道："原来是这样，我现在完全懂啦。也就是说，假如我把一枚50戈比的硬币用一根线绑成一根活线套紧箍起来，之后我再把活线套固定成一个线圈，而这个时候，即使这枚50戈比的硬币能够穿过活线套，而我固定活线套为一个线圈之后，它就没法儿再穿过去了。"（图9）

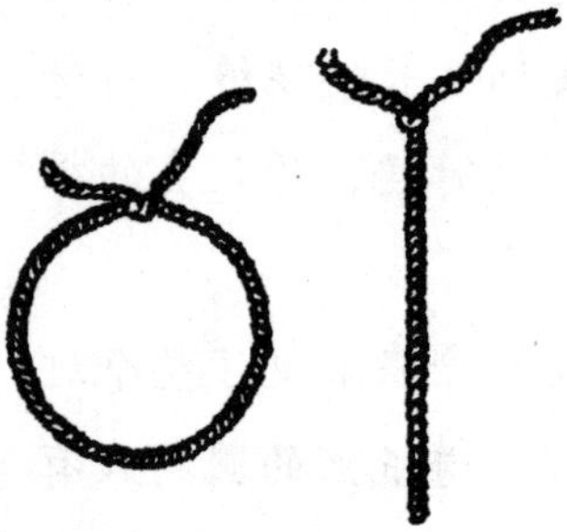

图9

这个时候，妹妹非常崇拜地向哥哥说道："你能够清清楚楚地记住每一种硬币的尺寸，太厉害了。"

"不是啦，我也记不住所有硬币的尺寸，我只是把那些尺寸比较特殊、容易记的记住了，而另外的我会记录在笔记本上。"

"可是我觉得所有的硬币尺寸都不好记呀，那么多种硬币，很容易就混淆了，那哪一些记起来简单一些呢？"

"你先别急着下结论。现在我问你，要记住把3枚50戈比的硬币依次排列起来的长度是8厘米也是一件很难的事情吗？"

"你这个机智的方法我之前怎么没想到呢，"一位客人赞叹道，"因为你要是知道了3枚50戈比的硬币依次排列起来的长度是8厘米，那么就可以根据硬币来测量距离了。所以，口袋里时时刻刻装上一枚50戈比的硬币对于 鲁滨孙 式的人来说是有极大的益处的。"

英国作家丹尼尔·笛福的著作《鲁滨孙漂流记》中的主人公。

"由于法国的硬币尺寸可以通过一种简单的比例关系来和米尺进行换算，所以儒勒·凡尔纳在他的小说中就曾经写到主人公通过硬币进行测量的故事。而且还有一个小窍门需要你们注意，硬币的尺寸与重量之间也存在换算关系，所以硬币的另一项功能就是帮助鲁滨孙式的人进行重量的估算。我们1卢布硬币的重量是20克，50戈比硬币的重量是10克。"

妹妹听完就追问道："那1卢布硬币的体积是不是50戈比的2倍呢？"

"是的，刚好是2倍。"

然后妹妹对哥哥的说法提出了疑问："但是不管是硬币的厚度还是直径，1卢布都不是50戈比的2倍呀。"

"1卢布硬币的直径和厚度当然都不是50戈比的2倍呀，如果真的做成那个样子的话，那对于体积来说，1卢布硬币肯定就不是50戈比的2倍了，而是……"

"而是4倍对不对，这个我是知道的。"

"你说得不对，正确的答案应该是8倍。请你想一想，假如某一个硬币的直径能够是50戈比硬币的2倍，那么相对应的，也就是它的长度是50戈比硬币的2倍，而且它的厚度也应该是50戈比硬币的2倍，所以这个硬币的体积，按照体积计算公式：长×宽×高，应该是50戈比硬币的2×2×2＝8倍。"

于是，这位客人以此类推："如果想要让1卢布硬币的体积保持为50戈比硬币的2倍，那么1卢布硬币和50戈比硬币的尺寸之间就需

103

要存在这样一种比例关系：直径、长度和厚度的倍数之积等于2。"

"你说得完全正确，由于$1\frac{1}{4}\times1\frac{1}{4}\times1\frac{1}{4}$的计算结果大致是2，所以1卢布硬币的体积想要是50戈比硬币的2倍时，这两种硬币的尺寸之间存在的倍数关系应该是$1\frac{1}{4}$。"

"那么这两种硬币的真实比例到底是什么样子的呢？"

"事实也是如此，也就是说，1卢布硬币的直径的确是50戈比硬币的$1\frac{1}{4}$倍。"

客人恍然大悟地说道："原来如此，通过这个事情突然让我想起了另一件事，这个故事讲述的是之前有一个人做了一个很奇怪的梦，他梦见了一枚1000卢布的硬币，而这枚硬币竖直立起来竟然高达4层楼。那么按照刚才的思路，即使真的制作了一枚1000卢布的硬币，它的高度也不会超过一个人的身高。"

哥哥进一步解释："你说得没错，由于$10\times10\times10=1000$，所以1000卢布硬币的直径应该是1卢布硬币的10倍，那么显而易见，把1000卢布硬币竖直立起来的高度只能达到33厘米，大约是一个人身高的$\frac{1}{6}$，而你讲的故事中的那个人梦中所见到的33米的1000卢布硬币是根本不可能存在的。"

"所以从上面的例子中我可以总结出这样一个结论：假如一个人的身高比另外一个人高出$\frac{1}{8}$，与此同时，他的体型也比另外那个人胖$\frac{1}{8}$，那么这个人的重量就会是另外那个人的2倍。"

"没错，你得出的这个结论是完全正确的。"

妹妹想了想问道："我在市场买东西的时候遇到了一个难题，哥哥你也帮我解答一下吧。题目是这样的，有两个大小不一样的西瓜，个头比较大的西瓜的大小是小西瓜的$1\frac{1}{4}$倍，而价钱呢，是小西瓜的1.5倍，那这个时候我应该选择哪个西瓜会更划算一些呢？"

这时，哥哥对着我说："这个问题就交给你来回答啦，其实如果在价格方面，大西瓜是小西瓜的1.5倍，而体积仅仅只有小西瓜的$1\frac{1}{4}$倍，那么显然是买小西瓜更合算一些。"

"不对呀！根据我们前面讨论的例子来看，假如某一个物品的长度、宽度、厚度都是另一个物品的$1\frac{1}{4}$倍，那这时它的体积大致可以达到另一个物品的2倍，这也就意味着，虽然个头大的西瓜在价格方面是小西瓜的1.5倍，但是根据体积计算，大西瓜可以吃的部分是小西瓜的2倍。"

客人追问道："那售货员为什么不把大西瓜的价格定为小西瓜的2倍，而只是1.5倍呢？"

"那是因为售货员并不懂几何学，不过买主们也不明白其中的道理，所以对于他们来说都没有做划算的买卖。不过到目前可以不用怀疑的是，买大西瓜肯定会比买小西瓜便宜，因为售货员在估计大西瓜的价值的时候一般都会估得比真实价值低一些，然而绝大多数的买主

其实也并没有认识到这一点。"

"那你的意思就是说，在买鸡蛋的时候，也是买大鸡蛋会比小鸡蛋便宜吗？"

"这当然是毋庸置疑的啦，买个头大的鸡蛋肯定要更划算，不过，在德国的售货员要比我们国家的售货员聪明许多，他们为了避免错误估价这种情况的发生，在出售鸡蛋的时候，会进行称重，完全按照重量来卖鸡蛋。"

这时客人又提出一个问题："我这里也有一道很有趣的题目，但是我没回答出来，大家一起来看一下这道题目，有一个人问渔夫捕到的鱼总重量是多少，渔夫用一种特殊的方式回答道：'$\frac{3}{4}$千克再加上总重量的$\frac{3}{4}$。'那么请问：渔夫到底捕了多少千克鱼？"

哥哥回答道："其实这个题目还是很容易的，根据题目我们可以得出$\frac{3}{4}$千克就是渔夫所捕的鱼总重量的$\frac{1}{4}$，那么所有鱼的总重量其实就是$\frac{3}{4}$千克的4倍，$\frac{3}{4}\times4=3$千克。接下来我给你们出一道有难度的题目吧，问题是这样的，这个世界上会不会存在头上的头发数目完全一致的一些人？"

我不假思索地回答道："这个题目太容易了，所有光头不就是头发数目完全一致的人嘛。"

"当然是把光头排除在外，那么其他人有没有可能头发数目一致呢？"

"除了光头的人？那当然是不存在的了。"

哥哥接着说道："我想问的不仅仅是那些有头发的人会不会存在头发数目一致的情况，我还想进一步加上地域条件进行限制，'就在莫斯科，会不会存在头发数目一致的人呢？'"

"我认为肯定是不可能存在的，即使碰到了这样的人，那也完全是凑巧。虽然这个事情在理论上是完全可以存在的，但是我甚至敢用1000卢布作为赌注和你打赌，别说是在莫斯科了，即使是在整个世界范围内，也肯定不会有两个头发数目完全一样的人。"

"你这是完全给自己设置了一个必输的赌局，我要是你的话，别说用1000卢布作为赌注，我甚至连1戈比都不会来赌。其实，能不能轻而易举地找到两个头发数目完全一致的人，我不敢轻易保证，但是我可以确定的是，只是在莫斯科，头发数目一模一样的人就能达到几十万对。"

"怎么可能？你不是在开玩笑吧！光是在莫斯科就有几十万对头发数目一致的人？这也太多了！"

"我怎么会和你开这种玩笑呢？那我这样问你吧，你认为莫斯科的人口数目和一个人头发的数目哪个更多一些呢？"

"那还用说，当然是人数多呀，不过这和这个题目应该没什么关联呀？"

"等我给你解释一下，你就会明白这两者之间的关联了。众所周知，莫斯科的人口数目肯定大于一个人的头发数目，那么这些人的头发数目会一模一样也是一件没有办法避免的事情。根据资料显示，一个人的头发数目大致是20万根，而莫斯科的人口数目则是160万，是它的8倍。所以你可以这样考虑，即使前20万人的头发数目都是不一样的，那么第二个20万人中的第一个，也就是第200001个人的头发数目会是多少呢？你仔细考虑一下就能明白，即使你再觉得不可能，这也是一个事实，那就是这个人的头发数目一定会和前20万人中的某一个人是相同的，因为我们每个人的头发数目都是在20万根以内的。所以，我们可以得出这样一个结论，在第二个20万莫斯科人中，所有人都可以在第一个20万人中找出与其头发数目完全一致的人。所以即使

莫斯科只剩40万人了,这个时候头发数目相同的人数也会最少存在20万对。"

妹妹恍然大悟:"原来是这样,我懂了,在这个问题上的确是我考虑得不够全面。"

哥哥接着又出了一个题目:"我再来出一道题给你们:有两座城市,它们分别矗立在一条河的两岸上,它们之间的距离可以这样来描述:一艘轮船如果顺流而下,从一座城市到达另一座城市,需要4个小时,而如果反方向逆流,则需要6个小时。那么现在请问,如果是一块木板,漂过这条河流所需的时间是多少?"

哥哥转过头来对我说:"由于你之前学习过分数,应该可以答出这个题目,所以这个题目让你来作答更合适一些。我们接下来再玩儿一个游戏吧,叫作猜数字。我来猜,你们先在心里默默地想一个数字,然后给这个数字乘9,再把得到的数字中除了0和9以外的其他数字中的一位数字去掉,最后把剩下的数字依次给我读一下,这样你们去掉的数字是多少我就可以猜出来了。"

接下来,我们按照哥哥的要求,依照次序把我们最终得到的数字给哥哥念了出来,神奇的是,哥哥每次都能在我们刚刚读完数字之后立刻回答出来我们想的数字是多少。

然而哥哥并没有像之前一样给我们解释其中的道理,而是把游戏升级,他紧接着说出这次游戏的要求:"我们接着上面猜数字的游戏,这次还是一样,你们先在心里默默地想一个数字,不过接下来是在这个数字的末位加上一个0,再减去你最开始心里想的数字,给得到的数字再加上63,最后得到的结果,还和之前一样,你随心所欲地从中去掉一位数字,然后把剩下的数字给我读一下。"

于是,我们再一次按照哥哥的要求完成了所有步骤,而哥哥也和上一次一样,依旧能够快速、准确地说出我们去掉的数字是多少。

游戏并没有结束。"你们在座的任意一个人，"哥哥转过头来对我说，"就你吧，写出一个你心里想的三位数。在这个数的后面再加上刚写的3位数，接着用这个6位数除以7，你将得到一个整数。"

令我惊讶的是哥哥说得完全没错，我除以7之后得到的就是一个整数。然后我把这个数字写在纸片上，传递到妹妹手中。

哥哥紧接着对妹妹说："你现在把你手里拿到的这个数字除以11。"

"这也可以除尽吗？"妹妹半信半疑地开始计算。

"算出来了吧？是不是还是得到了一个整数的结果呀！好，暂时不用让我知道结果，你把得到的结果再向你旁边的人传递下去。"

哥哥向客人说道："你要把卡片上的数字除以13，然后把得到的结果写在卡片上交给我。"

客人非常疑惑地问哥哥："连续除了两次，得到的这个数字还能是13的整数倍吗？"

"当然肯定还能得到整数。你写好了吗？把卡片给我吧。"

然后，哥哥把写有最终计算结果的卡片从客人那里拿了过来，不过他根本没有看卡片上的数字，而是直接递给我，并且告诉我："最终得到的这个结果就是你一开始写的那个三位数。"

我连忙打开卡片验证哥哥的说法，而结果竟然真的是我一开始写在卡片上的那个三位数！

妹妹激动地连声呼喊："哇，实在是太不可思议了！"

哥哥并没有直接向我们解释，而是想要继续进行一个简单的猜数字游戏来让我们自己思考其中的原委。"其实，这些都只是一些简单的算数魔术。至于具体原理呢，通过下面这个魔术，我想大家仔细想一想就会明白的。接下来这个游戏中我能够在你们写出三个多位数中

的后两个之前，就猜出来它们的和。"哥哥接着对我说，"还是由你开始，你先写出一个你心里想的五位数。"

于是我毫不犹豫地写出了一个数字：67834。而哥哥为了方便后面的人写出他们的数字，专门画出一道横线，留出了一些空余的地方，然后写出了他自己猜测的最终之和的数字：

我：67834

哥哥：167833

哥哥又对妹妹和客人说："你们两个中的随意一个人来写出第二个加数，然后我再写上第三个加数。"

于是客人拿过卡片来，略加思索之后，在卡片上添上了第二个加数：

我：67834

客人：39458

哥哥：167833

而哥哥也迅速地在另一个空上补上第三个加数：

我：67834

客人：39458

哥哥：60541

哥哥：167833

然后，我们对这几个数字进行了加和，而哥哥写的和我们计算的结果完全一致！

"你是怎么做到在如此短的时间内，用三个数的总和减去前两个加数得到结果呢？实在是太神奇了！"

"当然不是这样啦，这种快速计算的本领我可达不到。我不过是在这里用5位数的加数来举例子。当然，你们可以把加数换成更复杂的，8位数也可以。"

然后，我们就用8位数的加数又重复了一次这个游戏，而哥哥真的可以猜出来最终的加和。下面的数字就是我们每个人所写的数字，每行前面的罗马数字表示的是我们写数字的顺序：

Ⅰ（我）23479853

Ⅲ（客人）72342186

Ⅳ（妹妹）58667783

Ⅴ（哥哥）41332216

Ⅵ（哥哥）27657813

Ⅱ（哥哥）223479851

当我在卡片上写下第一个数字的时候，哥哥就能快速、准确地把最终我们所写的5个数字之和写出来。

"这次的数字都是大数目，你们应该不会再认为还是我先算出你们三个人所写的加数之和，再用我写的总数之和减去它，最后将所得到的结果再随意分成两个加数吧。我的计算能力可没有这么强。其实，这个问题没有你们想象得那么复杂，你们有时间的时候可以多思考思考，我认为你们肯定可以想出其中的道理。"

哥哥的朋友听了之后非常感兴趣地说道："太棒啦！刚好我明天要乘车去莫斯科，我在车厢里实在是无所事事，这些有趣的题目正好能够帮助我来消磨时间呢。"

"那这样的话，我就再多给你出一些题目，这样你坐车的时候就完全不用担心会觉得无聊了。我先举一个例子：用5个2计算出数字7。这种类型的题目你之前见过吗？"

"你是在开玩笑吧，这怎么可能算得出来？"

"不是呀，这真的是一道题目呀！或者我再进一步给你解释一下这个题目的要求，你要写出来的这个等式的左边，2这个数字只能使用5次，当然，你可以单独或者组合使用，至于怎么组合呢？你可以通过

基本的运算符号，只要使等式的右边等于7即可。而这种题目的答案也不是唯一的，我先给你提供一个答案，你就会明白这种题目的解题思路了，用5个2得出1个7的式子，可以是这样一种方法：$2+2+2+\dfrac{2}{2}=7$。那么，其他的题目就交给你自己思考了。"

"原来是这种思路呀！那我现在也可以想到这个题目的另外一种解法：$2\times2\times2-\dfrac{2}{2}=7$。"

"完全正确，看来对于这种题目，你已经理解了原理，也掌握了做题思路，那你把下面这些可以举一反三的题目记下来，自己练习一下。"

第一题	用5个2得出一个28的式子
第二题	用4个2得出一个23的式子
第三题	用5个3得出一个100的式子
第四题	用5个1得出一个100的式子
第五题	用5个5得出一个100的式子
第六题	用4个9得出一个100的式子

哥哥的朋友问哥哥："我记得你好像会用火柴棒表演小魔术，可以给我们大家表演一下吗？"

"当然可以呀，你是不是想看上一次我在你们家表演的那个火柴魔术？"

于是，哥哥开始准备魔术，他首先拿出8根火柴棒，在桌上随意地摆开（图10），紧接着对大家说，他马上会到另外一个

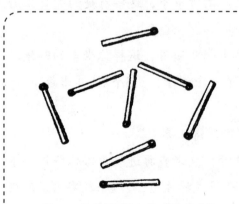

图10 哥哥将8根火柴"随意地"摆放在桌子上

房间去，在他离开之后，在场的任意一个人可以选择一根火柴棒，但是一定要记住，在选择火柴棒的时候，只需要这个人用他的手指轻轻碰一下这个火柴棒就好了，这样做的目的呢，是为了大家能够同时监督以保证魔术的真实性。所以，所有人都不可以碰其他的火柴棒，一定要保证所有火柴棒的摆放位置和他所放的一模一样，这样等他再次回到这个房间的时候，就可以猜出来这个人所选的是哪一根火柴棒了。

等哥哥去另一个房间之后，我们便把门关得严严实实的。我为了防止哥哥偷看，甚至将锁眼都用纸给堵了起来。直到妹妹选择了一根火柴棒，并且用手指轻轻地触摸了一下之后，我们才去叫在另一个房间待着的哥哥："我们已经选好了，你可以过来了。"

哥哥听见我们叫他之后，走进了我们的房间，大步流星地走到桌子跟前，毫不犹豫而且完全正确地指出了我们所选择的那根火柴棒。

由于我们都持怀疑态度，所以哥哥接下来又把这个魔术表演了10多遍，在场的所有人，包括我和妹妹以及哥哥的朋友们，都逐个选了一次火柴棒。然而，令我们惊讶的是，哥哥毫无例外地每一次都能快速准确地指出我们所选择的火柴棒。

整个过程，哥哥的朋友们都是一会儿诧异地大声呼喊，一会儿又开心地捧腹大笑，而与此同时，只有我和妹妹一头雾水地看着哥哥表演，急切地想要弄明白这个魔术的奥秘。

哥哥终于不卖关子了，对我们说道："好啦，现在该给你们讲一讲这个魔术背后的奥秘了。首先，我要向大家介绍一个神秘人物，他在这个魔术中可帮了我很大的忙。"哥哥指了指一开始要求哥哥表演这个魔术的朋友，然后开始指着桌子上的火柴棒说："你看，我并不是随意地摆放火柴，而是用这些火柴棒拼出了一幅肖像画。没错，的确非常不像，但是没有关系，只要我们能够看出来这幅画中的眼睛、额头、耳朵，以及鼻子、嘴巴、下巴、脖子和头发分别是哪几根火柴

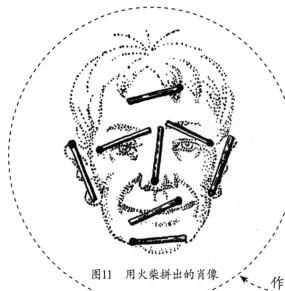

图11　用火柴拼出的肖像

就好啦。然后，当你们选好火柴棒，叫我进来之后，我首先要做的就是看我的神秘帮手所做的动作是什么。他有时候会用右手摸一摸下巴，或者眨一眨左眼，或者眨一眨右眼，有时候又会挠一挠鼻子之类的。而我根据他所做的这些动作，就能够快速准确地猜出来你们所选的是哪一根火柴了。（图11）"

妹妹笑着对哥哥的朋友说道："原来你和我哥哥是一伙的，你们提前都已经沟通好了，就只是来表演给我们看的呀！要是知道其中的'奥秘'是这样的，我肯定会偷偷摸摸地移动火柴棒的。"

"如果你们偷偷打乱了火柴棒的位置，那我就算是再会猜谜，这个火柴棒的问题我也无法猜出来。"哥哥也大方地承认道，"我们这顿早饭的时间可太长了，我们也该结束这顿猜谜早餐了吧。"

至于哥哥在前面给我留的那些让我们打发时间的谜题，你是不是也想知道该如何解答呀？

● 轮船和木板的问题

根据题目的要求，一艘轮船如果顺流而下，从一座城市到达另一座城市，需要4个小时。也就是说，它1个小时可以航行的距离是总距离的$\frac{1}{4}$，而如果反方向逆流，则需要6个小时，也就是航行的速度是总距离的$\frac{1}{6}$。那么，我们用总距离的$\frac{1}{4}$减去总距离的$\frac{1}{6}$，所得到的结果是河水在这1个小时之内所流过的距离的2倍，这个数据也就等于河水流速的2倍。

你们肯定会问为什么是2倍呢？

因为在顺流的时候，1个小时行驶的是总距离的$\frac{1}{4}$，总的速度是轮船的速度与水流的速度之和，而逆流的时候，1个小时行驶的是总距离的$\frac{1}{6}$，总的速度则是轮船的速度与水流的速度之差，所以顺流和逆流的速度之差就是2倍水流的速度。

$\frac{1}{4}-\frac{1}{6}=\frac{1}{12}$，也就是说水流速度的2倍是$\frac{1}{12}$，那么水流速度就是$\frac{1}{12}$的$\frac{1}{2}$，就是$\frac{1}{24}$。

按照河水的速度，每小时流过的距离是两个城市之间总距离的$\frac{1}{24}$，也就是说，按照河水的流速，从一个城市到另一个城市则要24个小时才能到达。木板就是在河中随着河水漂，所以从一个城市漂到另一个城市所需要的时间就是24小时。

• 去掉数字的题目

它是根据数字所具有的一个特征编写的。大家都知道，一个数如果所有数字之和是9的倍数，那么这个数就可以被9整除。所以，根据题目的要求，给你心里想的数字乘以9，那么根据上面的数字的特征，这个数中所有的数字之和肯定是9的倍数，而正是因为知道了这一点，所以才能够轻而易举地猜出来通过计算所得到的结果中还需要怎样一个数字才能满足所有数字之和是9的倍数。如果将0或者9去掉呢？因为这两个数字本身就是9的倍数，所以即使去掉，也并不会对剩余数字的和是9的倍数产生影响。

接下来的第二种做法，根据题目要求，给你心里所想的数字乘以10，其实也就相当于给那个数字的末尾添一个0，然后再给第一步所得到的结果减掉你心里所想的数字，而经过这两步，其实就相当于给这个数字直接扩大了9倍。而第三步，再加上63，63是9的倍数，所以对最后的结果能整除9并没有影响，那么接下来的部分，相信我不必再仔细解释，大家也都能够完全明白了。

● 一个三位数除以7、11、13的魔术

这个魔术看起来好像很复杂，其实原理是非常简单的。首先，这个魔术的第一步要求是给你所选择的三位数后面再添上这个数字本身，我们是相当于给这个数字扩大了1001倍，举个例子来说明一下：

$$723723 = 723000 + 723 = 723 \times 1000 + 723 = 723 \times 1001$$

而1001分解因式的结果就是$1001 = 7 \times 11 \times 13$，所以我们把第一步的结果分别除以7、11、13，也就是除以1001之后得到的结果就是我们一开始所选择的数字，这就完全解释得通了。

● 猜数字总和的魔术

不知道大家有没有注意到：第一种情况的时候，哥哥写出来的数字的总和与我最初写的数相比，总是大99999：$167833 - 67834 = 99999$，要加上99999并不好计算，但是先加上100000再减去1，计算起来可就容易多了。而接下来，当哥哥的朋友写出的数是39458时，哥哥要写的第三个数只要保证和他朋友所写的第二个数之和是99999就行了，而要做到这一点也是极其容易的，用9分别减去哥哥朋友所写的数的每一位，得到的结果就是哥哥要写的第三个数字。

在第二次尝试八位数的时候，哥哥所使用的方法和之前那个也是相似的，唯一的区别就是最后的总和与最初写的数相差2×99999999，所以只需要能够保证每个加数的和是两个99999999即可。

最后一个题目的答案则是下面这样的：

$$28 = 22 + 2 + 2 + 2$$

$$23 = 22 + \frac{2}{2}$$

$$100 = 33 \times 3 + \frac{3}{3}$$

$$100 = 111 - 11$$

$$100 = 5 \times 5 \times 5 - 5 \times 5 ; \text{或者} 100 = (5 + 5 + 5 + 5) \times 5$$

$$100 = 99 + \frac{9}{9}$$

迷宫走失

"你在那里捧腹大笑什么呀？是看到了什么有趣的故事了吗？"哥哥看我笑得不能自已，于是问我。

"我在看 杰罗姆 的《三怪客泛舟记》，这本书实在太有趣了呢。"

"我记得那可是一本非常好的书。你看到哪一章了？"

"我读到一群人在花园迷宫里迷了路，没法儿从迷宫中走出去。"

"哇，这是一个非常有意思的故事！你读给我听一听吧。"

于是，我声音洪亮地从头开始朗读这一段有趣的故事：

杰罗姆（1859～1927），英国现代最杰出的幽默小说家、散文家和剧作家。

哈里斯问我有没有去过汉普顿迷宫。他自己曾经去过一次这个迷宫，哈里斯还对迷宫的地图进行过深入研究，他认为迷宫内部的构造非常简略，而且他觉得对于这样一个迷宫，实在是没必要浪费钱。但是他这次再去迷宫则是给他的朋友们当导游。

"你想要去这个迷宫的话，那咱们就去吧，我可以给你当向导。"哈里斯向朋友说，"不过我认为那里并没有什么有意思的东西。把它叫作迷宫实在是让人匪夷所思。其实在这个迷宫中，你只需要自己在拐弯处一直选择往右拐就可以了。我们甚至最多用10分钟就可以逛完这个

迷宫。"

然而他们刚刚进入迷宫里，就碰见很多人，而这些人在迷宫里面已经绕了大约1个小时了，现在非常急切地想出去。于是，哈里斯说，如果他们愿意，可以跟着他走，虽然他和朋友刚刚才进入迷宫，但是只需要一小会儿就可以走出去。这些人都非常乐意跟着哈里斯继续走。

哈里斯在往出走的路上，又带上了许多急切地希望着能出去的人们，甚至到后来，所有的人都开始跟着哈里斯走。这其中有一些人甚至害怕会被一直困在这个迷宫中，再也见不到他们的家人朋友了。所以，他们见到哈里斯仿佛看到了希望，打起精神加入往出走的队伍当中，而且还非常感谢哈里斯。

据哈里斯描述，当时队伍中大概至少有20人，其中有一位抱着小孩的少妇，紧紧地抓着哈里斯的胳膊，就害怕把哈里斯跟丢了，因为她已经被困在迷宫中整整一个上午了。哈里斯一直坚持着在转弯处往右拐，但是一切并没有他想象得那么顺利，路仿佛越走越长了。然后，哈里斯的朋友说："这个迷宫实在是很大呢。"

"那当然了，这可是全欧洲最大的迷宫呢。"哈里斯回答道。

"应该没错，毕竟咱们走的距离差不多都有两里了。"他的朋友回答道。

虽然哈里斯这个时候也开始纳闷怎么还没有走出去，可是他仍然坚持着往前走，往右拐。直到又走了一会儿之后，突然有人注意到了地上的一块儿蛋糕，而这块蛋糕，据哈里斯的朋友说，他大概7分钟之前曾经看到过。

"不可能，这绝对不可能的！"哈里斯坚决不肯相信他朋友说的。直到那个抱着孩子的妇女非常确定地说道："他说得没错，因为这个蛋糕是我在遇见你之前不小心掉在这里的。"并且还接着对哈里斯说道："我甚至觉得你就是个骗子，我真是宁愿一开始就没有遇见你。"女人的话激怒了哈里斯，他非常气愤地拿出地图，想以此来证明自己所走的路线是正确的。

这时，他们同行队伍中的一个人提出了疑问："但是你甚至连咱们所处的具体位置都不清楚，又怎么能够按着地图走呢？"

哈里斯这个时候的确没弄清楚他们一行人所处的具体位置，于是提议说可以先回到最开始出发的地方，然后再重新按照地图走。大家都觉得先回到最初出发的地方这个提议是目前最好的选择，但是并没有认同哈里斯说的回到起点之后再重新按照地图走这个想法，于是大家再次跟随哈里斯走向了反方向。然而，10分钟过去了，他们并没有回到起点，反而再一次走到了迷宫的中心。

一次又一次带错路的哈里斯本来想和大家开玩笑说这次是他故意这样走的，但是他发现所有人都已经怒形于色，就只能解释这次走错仅仅是个意外。

但是无论之前怎么样，大家不能一直停留在原地，需要选择一个方向前进。而现在大家也弄明白了自己所处的具体位置，于是就开始拿出地图研究出去的路线。从地图上看，他们好像很容易就能走出迷宫，所以一行人开始按照地图上的路线向出口进发。

然而他们又失败了，不出3分钟，他们就走回了迷宫的中央。

最后，没有人再愿意和哈里斯一同前进了，因为无论他们朝哪个方向走，最终的结果都是再次绕回迷宫中心。就这样反反复复了好几次之后，其中一些人决定待在原地，等待着那些继续前进的人绕一圈又一圈之后再次回到中心。看到这种情况，哈里斯想再一次研究研究地图，但是没想到他的这一举动却惹恼了所有人。

大家吵得不可开交，于是就叫来了管理员。管理员来了之后，他爬到梯子上来指挥这些人应该怎么走才能走出迷宫。

然而管理员的描述依旧让大家听不明白，晕头转向。管理员不耐烦

地说："那你们都站在原地，不要乱动，等我进去带你们出来！"管理员走下梯子，走向聚集在一起等着他的一行人。

这个管理员是一个很年轻的新人，也并不熟悉这个迷宫。他走进迷宫之后别说带大家出去了，他自己都迷了路，连人群所在的位置都找不到。这群人就看着管理员在围墙的另一边绕来绕去，即使他能看见人群，却怎么走也走不过来。1分钟之后，他就又绕回了原地，还非常费解地问大家为什么又换了一个位置。然而，这群人一直待在原地。

看到这样的景象，管理员也没有了其他办法，只好和大家一起等着年老的管理员来带他们出去。

"这群人实在也太不会利用现有的资源了，手里拿着地图，竟然还找不到走出迷宫的路？"读完故事之后，我觉得十分费解。

"所以，你是觉得他们就应该很快地找到出去的路吗？"

"当然啦，他们可是有地图的呀！"

"那好，你稍等一下，我这里刚好有一张这个故事里面所提到的迷宫的地图。"哥哥对我说着的同时，开始在他的书架上翻找这张地图。

"你的意思是说真的有这个迷宫吗？它在哪里呀？"

"这当然是真实存在的呀？这是位于伦敦附近的汉普顿迷宫，它可是拥有200多年历史的古迹。我找到地图了，你来看看，叫作《汉普顿迷宫平面图》（图12）。从这个平面图来看，这个

图12 《汉普顿迷宫平面图》

迷宫的总面积只有1000平方米，看起来真的并不是很大。"

哥哥拿出一本书，展开其中一页，上面有一张并不大的迷宫平面图。

"那好，你现在来考虑一下，如果当时是你在迷宫的中央迷路了，你会设计怎样一条通往出口的路线呢？来，拿着这根削尖的火柴来指一下你选择的路线吧。"

于是，我拿着火柴按照我的思路从迷宫的中央开始往出口走，我非常自信地用火柴在地图上绕着弯。然而我发现，事实远比我想象得困难多了，因为我在地图上按照我的几个思路走了几次，而最后我就像我之前取笑过的那群人一样，每一次都无一例外地绕回了迷宫的中央。

"这是为什么呢？明明从这个地图来看，这个迷宫并不大，按照地图走应该很容易找到出口才对！但是谁能想到这个迷宫这么令人难以揣测呢？"

"其实有一个非常便捷的方法，按照这个方法，你就可以放心大胆地走进任意一个迷宫，然后一定能够胸有成竹地从出口出来。"

"快点儿告诉我这个神奇的方法？"

"非常简单，就是你在进入任何迷宫之后，只要你一直顺着同一个方向的墙向前走就可以了，就是一直顺着左手边或者一直顺着右手边的墙，这两者并没有大的差别。"

"就这么简单吗？"

"是的，你要是不相信的话可以按照我的方法再尝试着走一遍汉普顿迷宫。"

于是，我半信半疑地开始尝试这种方法，我再一次拿着火柴棍从入口出发，不过真的很神奇，这一次我首先很顺利地进入了迷宫中央，之后又非常顺利地找到了通往出口的路。

"太棒啦，这个方法真的是太赞了！"

　　"其实并不是这样的，"哥哥继续给我解释道，"这个办法也是有它的缺点的，不过如果你只是想在迷宫中不迷路，那么这个方法还是很棒的，但是如果你想把迷宫中的所有路都走一遍的话，这个方法就有局限性了。"

　　"可是我刚刚明明走完了所有的道路呀，一个角落也没有落下。"

　　"你说得并不对：你现在把你刚刚走过的路线用一条虚线画出来，然后你就会看见你还是错过了其中一条小路。"

　　"怎么会呢？我没有走到哪条路啊？"

　　"来，你看看我在这个地图给你画出来的这条路（图13），这个就是你错过的小路。所以按照这个方法，你在任意的迷宫中，可以轻松地走过大部分的地方，并且能轻而易举地找到迷宫的出口，但是你却没有办法走遍迷宫的各个角落。"

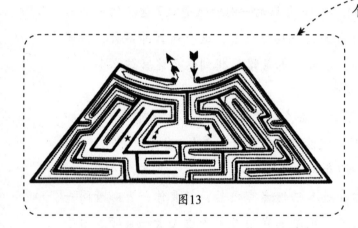
图13

　　"迷宫的种类和样式非常多吗？"

　　"那当然有很多啊。其实，现代人大多是在花园或者公园里面修建迷宫，这样的迷宫以露天的为主，这种迷宫也为人们提供了在户外高高的围墙里面漫步的机会。然而在更久远的古代，修建迷宫则是在雄伟的建筑物或者地下工程里面。而修建在地下的理由也是极其冷酷的，就是为了让那些被送到迷宫的人在走廊、过道以及大厅组成的错综复杂的道路中迷路，再也走不出这个迷宫，从而被活活饿死。据说很久以前，在克里特岛上就有一个如此传奇的迷宫，这个迷宫是在米诺斯君王的命令下建造的，而它的建造者代达罗斯最终都差点儿没有找到出去的道路，可想而知这个迷宫的内部道路复杂到什么地步。"

罗马有一位诗人奥维德，他对这个迷宫曾经有过这样一段评价："天才建筑师代达罗斯建造了一座自带迷宫的房子。这座房子里面倒是没有什么特别的东西，只是这座迷宫内部，有一条又一条通往各个方向的既蜿蜒曲折又悠长的走廊，面对这么多复杂的长廊，即使是那些喜欢寻根究底的人也会觉得扑朔迷离。而在这个迷宫的外部，则是被高高的围墙和屋顶封闭得密不透风。代达罗斯在这个迷宫中修建的道路不可胜数，甚至他本人也会常常在其中迷路。"

"远古时代还有其他一些迷宫，"哥哥继续给我讲道，"它们的作用则是来防止盗墓者找到君王的坟墓。这种迷宫在设计的时候会把君王的坟墓置于迷宫的中央（如图14），因为这样即使贪图钱财的盗墓者能够拿到陵墓中的珍宝，他也会被困在迷宫中成为君王的陪葬者。"

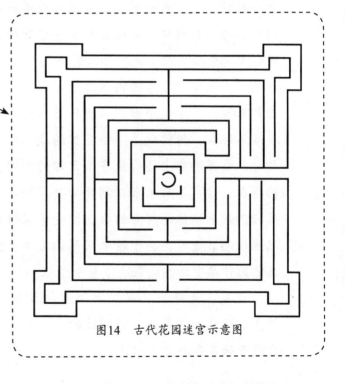

图14　古代花园迷宫示意图

"那你前面告诉我的那种可以轻而易举走出迷宫的方法他们怎么不用呢？"

"可能存在两个原因，第一，远古时代的人或许并不清楚这种能够走出迷宫的方法；第二，即使他们知道这种方

法，就像我之前和你说的，因为按照这种方法走的话，会错过迷宫中的一些小路。如果按照这种思路来建造迷宫，然后把珍宝藏在刚好会被错过的小路里面，那么盗墓者即使走出了迷宫也一无所获。"

"那能不能修建这样一座迷宫呢？就是进去之后一定无法找到出口。但是，如果知道你所说的那种可以走出迷宫的方法，就一定能找到迷宫的出口。假如让一个陌生人进入迷宫里面，而且让他自己在里面闲逛，那么……"

"远古时期的人们有这样一个想法，他们认为，只要他们把迷宫的内部结构设计、修建得相当复杂，那进去的人是肯定找不到迷宫的出口的。然而，现实并非如此，因为人们走不出去的迷宫是根本不可能存在的，这一点利用数学知识可以进行计算说明。其实，不仅所有的迷宫都存在出口，即使你想逛遍迷宫的每一个角落，只要你在走的过程中完全按照要求走，那么最终也都能够找到出去的路。大约在200年前，法国植物学家图内福尔曾经非常勇敢地去了克里特岛上的一个岩洞探险。关于这个岩洞，流传着这样一个传说：这个岩洞里面的道路数不胜数，仿佛就是一个天然的找不到出口的迷宫。除了这个岩洞之外，克里特岛上还有很多个类似的岩洞，而或许正是这些天然迷宫的存在，才有了后来米诺斯皇帝要求修建迷宫的传说吧。那么，言归正传，如果这位爱冒险的法国植物学家想要顺利地找到岩洞的出口，他应该怎么走呢？关于这个问题的答案，他的同僚——数学家卢卡斯在他的作品中详细地叙述了整个过程。"

说完，哥哥便从书架上拿出一本书，这本书的名字是《趣味数学》，而作者正是上面提到过的卢卡斯。然后哥哥把书翻到某一页之后就开始声音洪亮地朗读起来：

在和同路的一些人沿着林林总总的地下走廊逛了一段时间之后，我们来到一条又长又宽的道路上，这条路通向迷宫深处的一个大厅。我们沿着这条路径直走了半个小时，一共走了1460步。这条路两旁有很多走廊，如果不加倍小心的话，肯定会迷路的。因为我们特别希望能走出这个迷宫，所以十分注意往回走的路。

第一，我们将一位向导留在岩洞门口，并告诉他，如果天黑之前我们还没有回来的话，让他马上召集邻村的人来解救我们。

第二，我们每个人手里都拿着一根火把。

第三，在所有我们觉得稍后可能不容易寻找的转弯处旁边的墙上贴上了带编号的纸条。

第四，我们的一个向导在道路的左边都放上了事先准备好的小捆的树枝，另一位向导在路上撒上了随身剁碎的麦秸——他随时都带着碎麦秸。

哥哥读完这一段之后评价道："在这个过程中，这些人也实在是太小心翼翼了。完全没有必要像他们这么慎重。不过，他们这样做也是无奈之举，毕竟图内福尔他们所处的那个时代，关于迷宫的难题并没有得到解答，所以他们只能按照这种古老但是有效的方法来寻找迷宫的出口。现在，我们研究出了解决迷宫难题的方法，比法国植物学家那种古老复杂的方法容易操作得多。当然，可靠性也和他们的方法一样。"

"你知道这些方法吗？"

"这个方法还是比较简单的。你要记住的第一点是，你在进入迷宫之后，只要你没有走到死胡同里面，或者没有遇到交叉口，你就只需要顺着这条路一直往前走即可。如果遇见了死胡同呢？那么当然要转方向往死胡同的路口走，这时你还需要做的是，拿出两颗小石子，放在死胡同的出口处，这样就可以提醒你已经走过这条路两次了。如果遇到了交叉口，那么你可以随心所欲，选择其中一条路往前

走。你还需要用小石子在你走过的所有道路或者即将要走的路上做好标记。"

"你要知道的第二点是，如果你根据之前留在路上的小石子看出来你又回到了之前走过的交叉口，而且你现在所在的道路并不是你刚刚在交叉路口所选择的那一条，那么这个时候你就需要反方向往回走，并且同样地，放两颗小石子在这条路的尽头。"

"你还要记住的是，如果你根据路上的石子判断你是沿着你刚刚在交叉口选择的那条路再一次回到了交叉口，那么这个时候你再用一颗小石子在这条路上做好标记，然后再沿着你刚刚在交叉口没有选择的那条路往前走，如果交叉口所有的路都有小石子，说明都走过了，那么就选择只有一颗小石子，也就是只走过一次的道路走。"

"那么，以上的这三条规则，只要你能牢记并且会应用，你就可以逛遍迷宫的每一个角落，走遍迷宫的每一条道路，并且最终轻而易举地找到迷宫的出口。"

Chapter 4
想一想

有轨马车

有轨马车是在有轨电车出现前使用的一种交通工具。因为有轨马车与有轨电车不一样，所以跳进马车内非常轻松。

【问题】兄弟三人看完戏剧回家。他们走到铁轨那里，打算在第一节 有轨马车 到达车站时，跳进车厢里去。

等了好久都没看到马车的踪影，大哥跟大家建议说再等等看。

"光这样站着等多累呀！"二哥回应道，"我们一边往前走一边等吧。马车从后面追上我们的步伐时，我们就跳进去。当我们上车时，实际已经出发了一段距离，离家更近了，用时也会更短一些。"

"就算要走也不能往前走啊，"小弟觉得不服，"我们应该往回走，这样才能早点儿与迎面而来的马车相遇，才能早点儿到家。"

兄弟三人谁也说服不了谁，他们最终决定按照自己的想法回家。大哥站在原地等马车，老二往前走，老三往后走。

请问兄弟三人谁最聪明？谁能够最先到家？

【回答】兄弟三人会同时到家。小弟往回走，遇到了迎面而来的马车。等他上了车之后，随着马车前进到达大哥所站的位置，从而与大哥会合。最后马车继续前进，追上前面的二哥，这样三兄弟就都在同一辆马车里了。

最聪明的是大哥，同样时间到达，他却不像另外两兄弟那么辛苦奔波。

【问题】有两个人在人行道上数1小时内从自己身边经过了多少人。其中一个人站在房子前面数，另一个人则一直在人行道上不断走动。

请问他俩谁数到的人数更多呢？

【回答】两个人数的人数一样多。虽然在人行道上来回走动的人会见到多一倍的路人，但是站在房子面前的人能遇到两个方向的路人。

谁数的人数更多

气球掉在了哪里

【问题】大家都知道地球的自转方向是由西向东的，那么我们有没有考虑过利用这个自转来一次奇妙的东方之旅呢？

可以假设有这样一种方法：乘坐一个热气球升到空中，然后在空中静止等待地球自转，当到达我们想要去的地方上空时，就赶紧降落。利用这种方法我们不用离开原地就能便捷地到任意我们想去的东方游玩。但

有一点需要记住，不能错过降落的时间，稍有不慎，目的地就随着地球自转跑到西方去了。那样我们就又得再等待一整天才能再次抵达目的地。这种旅行有哪些不可行的地方呢？

【回答】这种旅行显然是不可能实现的。地球不仅仅本身在自转，它的大气层也是跟随其一并转动的。空中的气球也是跟地球一起自转而一直与地面保持同步，停留在原地。就算没有空气，我们抛向天空的物品也都是飘在所抛的上方。所以不管气球在空中停留多长时间，最终它降落的地方依然是原地。

有没有这样的地方

【问题】在地球上会不会有7月是寒冷的冬天而1月是炎热的夏天的地方？

【回答】地球上存在这种地方，它们是赤道以南的南半球。在1月，北半球是冬天，南半球是炎热的夏天。在7月，北半球是夏天的时候，南半球却是寒冷的冬天。

【问题】现在，桌子上有3根火柴棒。你能用这3根火柴棒（不能折断火柴棒）拼出数字4来吗？

【回答】这道题仅供娱乐。3根火柴棒当然拼不出阿拉伯数字4，但是可以拼出罗马数字Ⅳ。这里的奥妙就是题中没有明确说是什么数字，所以需要丰富的联想。同样的方法，用3根火柴棒还能够拼出数字6（Ⅵ），4根火柴棒能够拼出数字7（Ⅶ）（图15）。

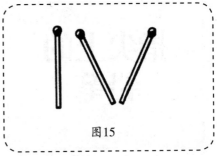

图15

【问题】前面那道题的解题方法如果已经掌握，那么这道题你将也会迎刃而解：你需要利用桌上的3根火柴棒，再添加两根，拼出数字8。

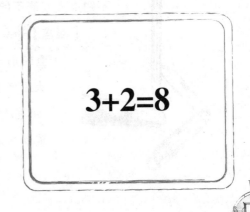

131

【回答】答案见下图。

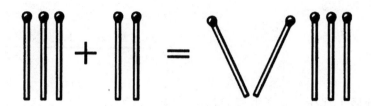

指尖上的铅笔

【问题】我们来尝试这样放置铅笔：首先，以铅笔尖为支撑点将铅笔稳稳地立在手指上。这种稳是指铅笔能够持久地立在手指上，并且就算从侧面拨弄它，铅笔也能够恢复到原来的状态而不倒下。

把铅笔立在手指上貌似是不可能的。开动脑筋，不知道大家能不能想出什么好办法。

【回答】如果想让铅笔稳当地立在手指上，需要把折叠的削笔刀插入铅笔里，大家要注意安全。大家可能会疑惑加上这么重的折叠削笔刀，铅笔还能站稳吗？大家可以尝试一下，铅笔能稳当地"站立"呢。

【问题】3个人在下象棋，他们一共下了3局，请问他们每人各下了几局棋呢？

【回答】很多人都会不假思索地回答，他们每人都只下了一局棋。但是他们没有想过下一局棋需要两个人，所以其中一个人下完一局棋后，就得立刻投入跟第三个人的棋局中。这样就不可能每人只下一局棋了。

所以答案应该是每人下了两局棋。

象棋总局数

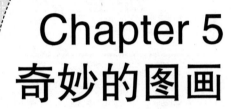

Chapter 5
奇妙的图画

驯兽师去了
哪里

【问题】来看看老虎的驯兽师去哪儿了？其实他和老虎都藏在同一张照片里呢，不信来找找。

【回答】老虎的眼睛跟驯兽师的眼睛重叠了，但是驯兽师面朝的方向与老虎相反。

哪张图更
宽，哪张图
更长

【问题】下面有两张图片（图16），请使用目测的方法，在不测量的前提下回答出哪张图更宽，哪张图更长。

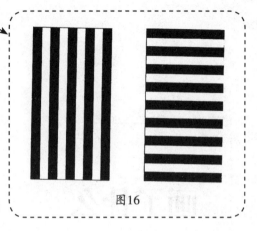

【回答】图16中，左侧图看起来比右侧的更宽、更长。但如果测量之后就会发现，其实这两张图片是一样的长度与宽度。这就是视觉上的欺骗。

图16

【问题】在下面这幅图片中，目测比较图中三个人的影子。在最

高多少

前面的那个人比后面的两个人高了多少呢？

【回答】肉眼观察之后，再用尺子进行测量比较。你就会惊讶地发现这三个人的影子竟然一样高！这的确不可思议，不过这也是一种视力错觉。

画了什么

【问题】看看下面这幅图片，判断一下这些图都画的是什么。

尽管图片都是按照真实的物体来临摹描绘的，但要想猜出这是什么还是有难度的。

又因为我们把这些图片的角度做了一些调整，猜出来就更加困难了。不过相信也难不倒大家，来试着猜一猜这些都是什么东西吧！

当然我还得提醒大家，这些都是很普通的日用品。

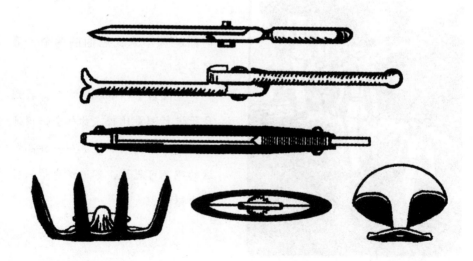

【回答】虽然图片上都是物品的侧面图，但实际上都是日常常见的物品。最上面的那个是剪刀，用来裁剪衣服的；之后就是老虎钳了；再接着是一把折叠剃须刀；最下面那一排是草叉、怀表、汤勺（从左到右）。

怎么样，不是很难吧！

【问题】下图是一张海景图片，但是海面上漂浮着一艘月牙一般的小船，可是月牙是悬挂在天空上的呀。这不可能，画家是不是画错了呢？这张图片可真是令人匪夷所思。

可能吗

【回答】事实上画家画的一点儿都没错。这是一幅赤道地区新月落山时的图片。在赤道地区，月亮下山的情景就是那样的。这与我们北方的新月倾斜角完全不同，去过高加索的人都能发现这一点。所以画家的绘制完全符合现实，没有画错。

运动员着地的脚是哪一只

图17

【问题】图17中足球运动员是哪一只脚着地的？左脚还是右脚呢？

【回答】不仔细看时就会觉得，运动员是右脚着地的，但是也可以说他左脚也是着地的。所以不论你观察得多细致、眼力有多好，你都不能完美地解答这个难题。作者巧妙地回避了这个问题，故意把两只脚画得很模糊，这样大家就很难猜了。你们或许会问："所以到底是哪一只脚着地呢？"我不知道，当然画家肯定也忘了。这就成了一个千古谜题了。

【问题】认真欣赏下图，记住每一个细节，然后试着依靠记忆画出来。

看起来容易

【回答】这些曲线的各个相交点我已经标注出来了。所以大家在画第一条线的时候肯定觉得很容易，那么我们现在来画第二条。可是，现实可没那么容易。为什么现在线条突然一根都画不出来了呢……所以这看似简单的问题，真正完成起来却很复杂。

你能一笔完成吗

【问题】只能画一笔，你是否可以完成一个拥有两条对角线的正方形呢（图18）？

【回答】我先公布一下答案吧。不管你从哪里开始下笔或者先画出哪条线，这都是不可能完成的。

不过，如果这幅图变得复杂一些，哪怕只有一点儿，问题都将变得很简单了（图19）。你们可以试一下，是不是困难的问题一下子就变得手到擒来了。

假如在图19这幅图片的侧面加上两条弧线（图20），又该如何完成？

有没有发现其中的奥妙呢？怎样在没有尝试画之前就得出正确的结论呢？

想一想，没准儿就能弄明白这几个图形之间的联系与区别。我们看到图形中不同线条之间都有交叉或者相交的点。想要一笔完成图形的话就必须让图中所有的交叉点都拥有这个特征：那就是交叉点需要同时具备一条线的终点和起点这样的特征才行。所以线段需要在这里发生转折。那么所有的相交点的线条数目应该是2、4、6……这样的偶数。唯独

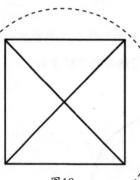

图18

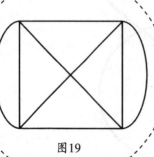

图19

首末两个端点是例外的，它们的相交点线条数目可以是奇数。

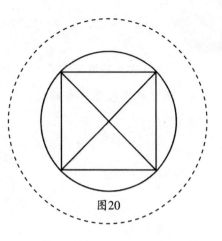

图20

这样我们就能得出这样的结论：相交点线条数目是奇数的点不超过两个，其他的相交点线条个数都是偶数个，那么这样的图形才可以一笔画出来。

文中的几幅图能一笔画出吗？

图18中的正方形每个角都有3条线相交，那么这张图将无法一笔画出来。

图19中，我们可以发现这里每个相交的顶点都有偶数个线条，自然它可以一笔画成。

图20中，有5条线相交的点一共是4个，所以这张图也不能够一笔画成。

掌握了这些基础知识，就不需要通过不断尝试绘画来判断是否能一笔画了。在尝试之前，通过观察，就能够很快判断出哪些图形能够一笔画出，哪些不能。

现在，好好复习掌握上面的方法，然后认真对图21这个图形能否一笔画出做出正确的判断。

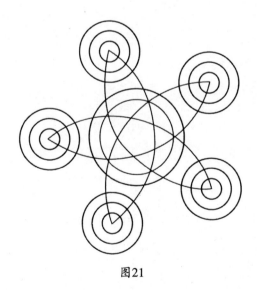

图21

很明显，答案是肯定的。你可以数出来图中所有通过交点的线条数都是4，那么既然相交线条的数目是偶数，就能够一笔画出该图形了。绘画顺序见图22。

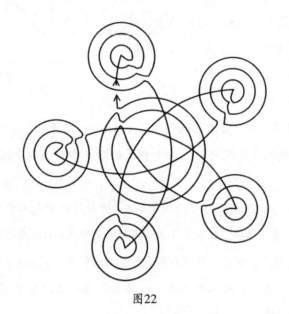

图22

Chapter 6
剪纸和排列

146

用5个图形拼出图案

【问题】怎样利用图23和图24中的5个图形拼出一个十字形的图呢?

你可以在一张白纸上画出这五个图形,然后裁剪下来,再尝试着拼接得出结果。

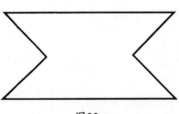

图23

图24

【回答】图25所示就是将这5个图形拼接成一个十字形的图的方法。

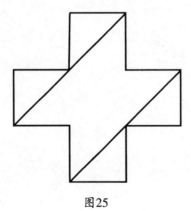

图25

【**问题**】利用图26中的5个图形拼出正方形。

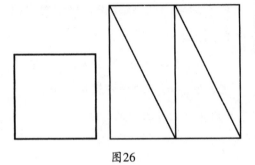

图26

【**回答**】图27是正确结果。

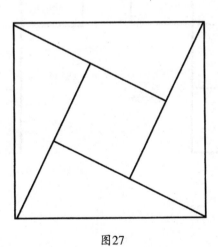

图27

用另外5个图形拼出图案

147

四等分土地

【问题】如图28所示，大家需要将这块由5块一样大的正方形组成的土地平均划分成4份，仔细想想如何划分。

你可以先在纸上画出这个图形，然后再开动脑筋想想办法。

【回答】图29中的虚线部分画出了如何正确划分土地的方法。

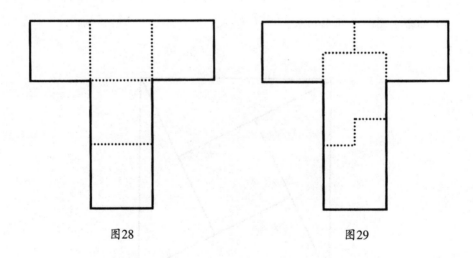

图28   图29

【问题】不知道大家有没有听说过七巧板？这种古老的中国游戏早在几千年前就诞生了，比象棋出现得还早。

镰刀与锤子

游戏道具是这样的：将正方形的木质或者纸质材料按照图30所示裁剪下来，剪下来的图形可不能扔掉，正是利用剪下的7部分来拼接组成各种图案。可别把它想象得太过简单。在没有参照图形的情况下，若是打乱这7块图形，是很难一下子将其组回成原来的正方形的。

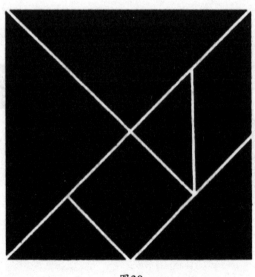

图30

下面就是具体的题目了：你需要利用这7块图形，拼出一把镰刀和一把锤子（图31）。要求是这7块图形不能相互重叠，也必须全部用完。

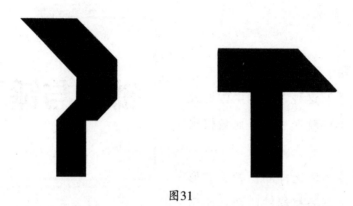

图31

【回答】正确答案如图32所示。图中可以清晰地辨别出镰刀与锤子这两种图案。当然，开动你的脑筋，用这7块图形能拼出各种各样的图案，比如不同姿势的人、不同动物、各种建筑物等。

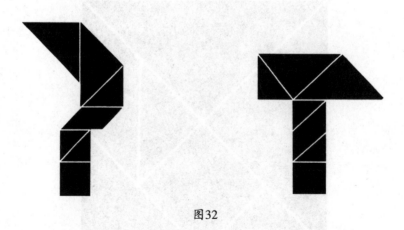

图32

【问题】仅剪两次，把图33中的十字图形剪成4块，再利用剪下来的4块拼出完整的正方形。

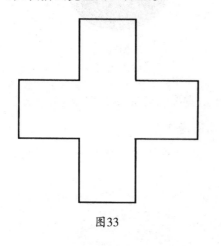

图33

剪两次拼成正方形

【回答】正确的剪法如图34所示，第一下把原图剪成两个部分，第二下再把图形继续分成4个部分。

这4个图形的拼接方法如图35。

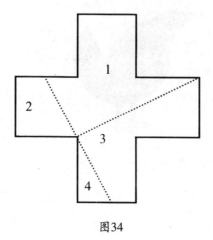

图34

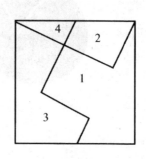

图35

151

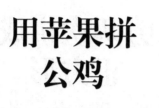

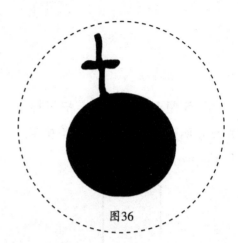

图36

【问题】图36是一张苹果图片。现在，需要将这张图片剪成4个部分，再把这4个部分拼接成一只公鸡。这需要如何操作？

【回答】裁剪的方法如图37所示。拼接成公鸡的方法很简单，大家稍加思考便能想出。

图37

【问题】有一个木匠手非常巧，有人慕名来求他用两块非常珍贵的长椭圆形木板打出一块圆形的桌面（图38），并且要求不能有任何剩余的木材。

你们可以看到，这两块木板上都有一个洞。就算是这位手艺精巧的木匠，也觉得这位客人的要求实在难以办到。他左思右想，不停地测量这两块木材。终于想出了一个好办法来满足客人的所有要求。你们想出该怎么办了吗？

用木板制圆桌

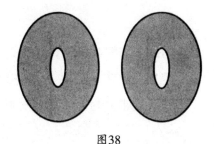

图38

【回答】拼接方法如图39所示。首先，木匠把这两大块椭圆形的木板切成4块，然后再将4块比较小的木块拼成圆形，剩下4块较大的木块便镶嵌在这个圆形的周围。圆形的桌面就完成了，并且没有剩余任何木材。

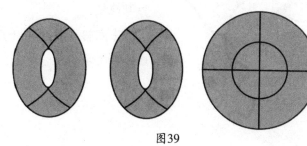

图39

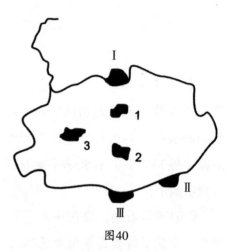

图40

【问题】如图40所示，我们分别用1、2、3这3个数字来指代湖中的3个小岛，用罗马数字Ⅰ、Ⅱ、Ⅲ来指代湖边上的3个小渔村。

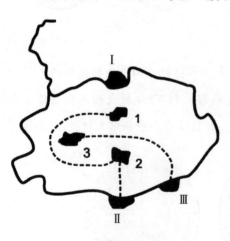

图41

现在，要求从村庄Ⅰ驾驶一艘小船去往村庄Ⅱ，同时要途经1、2两个小岛。并且在同一时间，又有一艘小船从村庄Ⅲ出发，往3号小岛的方向前进。另外，这两艘小船的行驶路线不能够发生交叉。

请你按要求画出这两艘小船的行驶路线。

【回答】图41中的虚线所标路线就是正确的行驶路线。

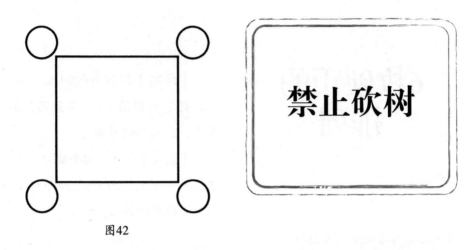

图42

【问题】如图42所示，正方形的部分是一个池塘，池塘边的树木用4个圆形表示。这个池塘需要扩建，面积要扩大到现在的2倍，并且不能砍伐周边的那些树木。如何办到？

【回答】扩建之后的池塘图如图43所示。

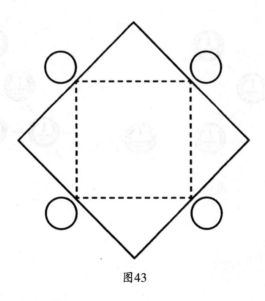

图43

6枚硬币的排列

【问题】现在有6枚1戈比的硬币，把它们排成3列，并且每列3枚硬币，应该如何排列？

【回答】很多人都会脱口而出：这根本不可能。因为6枚硬币根本不够完成这样的要求，所以大家来看看正确答案的排列方式（图44）。

很显然，大家能发现图中的3列硬币中每列都有3枚。完全符合题目的要求。只是，这里不同列的硬币发生了交叉，不过题目中可没有禁止交叉。

现在大家自己动手试试，想想新的解决方案，这道题的答案可不唯一（图45）。

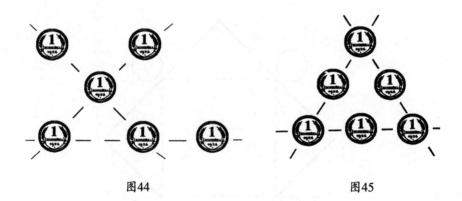

图44   图45

【问题】一共有9枚硬币，请将它们排成10列，并且保证每列各有3枚。

【回答】排列方式如图46所示，9枚硬币排列成10列，每列各有3枚。

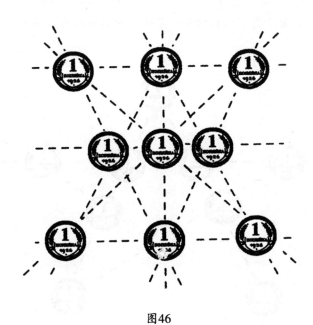

图46

10枚硬币的排列

【问题】一共有10枚硬币，请将它们排成5个直列，并且每列都要有4枚。

跟前面的题目思路一致，这里也可以发生硬币的交叉。

应该如何完成呢？

【回答】正确答案如图47所示，最终硬币被排列成了五角星的图案。

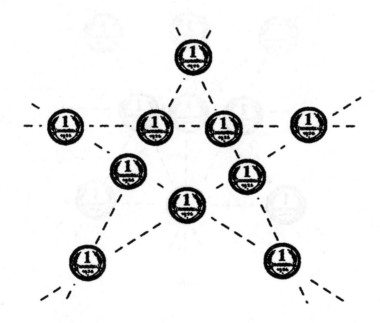

图47

【问题】在图48中可以看到排列好的9个0。你需要用4条直线把图中的9个0全部划掉。可以完成吗？补充一点，你也可以一笔划掉全部的0，但前提是要用直线。

【回答】正确的划法如图49所示。

划掉9个0

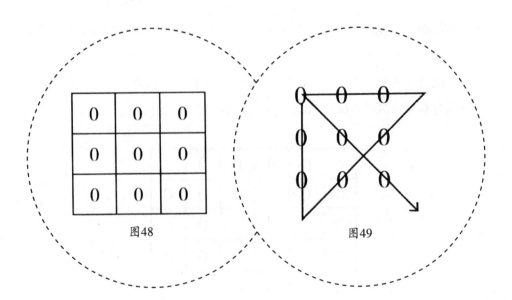

图48   图49

159

0	0	0	0	0	0
0	0	0	0	0	0
0	0	0	0	0	0
0	0	0	0	0	0
0	0	0	0	0	0
0	0	0	0	0	0

图50

【问题】在图50中的方格里有36个0。现在你只能划掉其中的12个，以保证剩下每一横行和每一纵列的0的数目相同。你将要划掉哪些0呢？

【回答】我们首先来计算一下，36个0划掉12个之后剩下来24个0。那么每一横行和每一纵列中0的个数就是4。正确的划法如图51所示。

	0	0	0	0	
0	0			0	0
0		0		0	0
0			0	0	0
0	0	0	0		
	0	0	0		0

图51

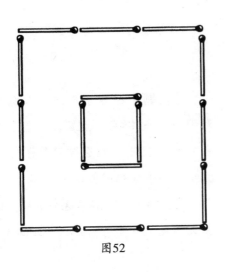

搭建小桥

图52

【问题】图52是用火柴拼成的两个正方形。我们把那里面的小正方形看成周围都是水沟的小岛。现在，需要使用两根火柴在这条水沟上建造一座小桥。这将如何完成呢？

【回答】如果需要完成桥梁的搭建，就需要在水沟上横着放一根火柴，并且要让这根火柴和正方形形成一定的夹角。以这个为横梁，再把第二根火柴搭在上面，这样就完成了桥梁的搭建。方法如图53所示。

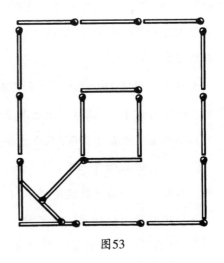

图53

几只蜘蛛，几只甲虫

【问题】在盒子里面装入蜘蛛和甲虫，一共8只。测算发现盒子里一共有54只脚。那么这只盒子里的蜘蛛和甲虫各有多少只呢？

【回答】为了解答这个题目，我先来普及一点儿百科知识。蜘蛛有8只脚，甲虫有6只脚。

了解了这个常识之后，我们就能开始这道题目的讲解。首先假设盒子里有8只甲虫，那么就一定会有6×8＝48只脚，这样就比题目中少了6只脚。又因为每只甲虫和蜘蛛的脚相差了2，所以每把一只甲虫换成蜘蛛，脚的总数就会增加2。

这样连续对换3次之后，盒子里脚的总数就达到了54只，满足了题目的要求。而此时盒子里的8只甲虫还剩下5只。

正确的答案是盒子里有5只甲虫和3只蜘蛛。

现在，我们来验算一下，3只蜘蛛脚的总数是24只，5只甲虫脚的总数是30只，所有昆虫脚的总数就是30＋24＝54，完全符合题目要求。

当然这道题的解题方法也不唯一。既然可以假设全是甲虫，那么一样也可以假设8只昆虫全是蜘蛛。那么盒子里脚的总数就是8×8＝64只，比题中的条件多了10只脚。那把一只蜘蛛换成甲虫就会减少两只脚，所以一共需要换5次就能够减少10只脚，从而使得脚的总数满足题目要求。

7位朋友的聚会

【问题】一个人有7位朋友，他的朋友都会来拜访他。其中第一位朋友拜访频率最高，每天都会来；第二位朋友次之，每隔一天拜访他一次；第三位朋友每隔两天来拜访一次；第四位朋友每隔三天来拜访一次……以此类推，最后一位朋友也就是第七位朋友每隔6天来拜访他一次。

那么这七位朋友相隔多少天会一起拜访这个人呢？这样的频率高吗？

【回答】通过数学规律我们可以发现，这7位朋友来同时拜访经过的天数需要满足同时整除1、2、3、4、5、6、7，它们的最小公倍数是420，即每隔420天这7位朋友就能聚集在一起了。

7位朋友碰杯

【问题】当所有7位朋友全部到齐了之后，主人就会开葡萄酒款待大家。这时候所有人都彼此碰杯致意，那么在这个过程中一共碰了几次杯？

【回答】根据题目条件，7位朋友和主人一共8人都彼此碰杯，那么一共碰杯了7×8＝56次。但是由于每次碰杯需要2个人，这时候每次碰杯实际上都被多算了一次，比如我们重复计算了第五位朋友与第三位朋友的碰杯和第三位朋友与第五位朋友的碰杯，所以实际碰杯次数是$\frac{56}{2}＝28$次。

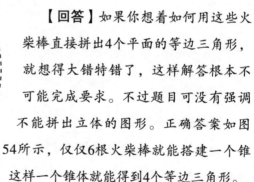

6根火柴

【问题】这道题是一道非常有趣的火柴题，拥有着悠久的历史。我想所有热爱益智游戏的人都会想来切磋一下。

题目如下：在不折断火柴的前提下，使用6根火柴来拼出4个等边三角形。这道题看似无解，实际上可是能完成的。

图54

【回答】如果你想着如何用这些火柴棒直接拼出4个平面的等边三角形，就想得大错特错了，这样解答根本不可能完成要求。不过题目可没有强调不能拼出立体的图形。正确答案如图54所示，仅仅6根火柴棒就能搭建一个锥体，这样一个锥体就能得到4个等边三角形。

【问题】为了更好地理解这道题，我们使用火柴作为道具。我们把火柴头向上的看成爸爸，把火柴头向下的看成妈妈，把折成两半的火柴看成两个孩子，两排火柴代表着河流的两岸，火柴盒代表河上的小船。

一家人过河

题目是这样的：爸爸妈妈带着两个孩子来到河边，他们需要到河对岸去。他们在河岸发现了一艘小船，但是因为船只很小，所以一次渡河只能承载一个大人或者两个孩子。

不过最后，这一家人还是安全地渡过了河。大家开动脑筋，想想这是如何完成的呢？

【回答】只需要9次搬运就能够把这4个人全部按要求送到对岸：

先渡河再从河对岸返回出发地：

1. 两个小男孩。

2. 一个小男孩。

3. 妈妈。

4. 另一个小男孩。

5. 两个小男孩。

6. 一个小男孩。

7. 爸爸。

8.另一个小男孩。

9.两个小男孩。

火柴能够清晰地表示过河的情形。

3个人共用一艘船

【问题】有3个水上运动的爱好者共同买了一艘船，他们希望在任何自己想要运动的时间使用这艘船，但是又不能让这艘船被其他人偷走。

所以他们想出了一个办法：各自买一把锁挂在船上。但是他们每个人都只拥有各自锁的钥匙，所以他们每人都只能打开自己的锁。

不过他们在不用另外两人的帮助下，也能用自己的那把钥匙打开锁。他们是如何做到的呢？

【回答】首先将三把锁串联在一起，那么只要解开任意一把锁就能够把整条链子打开，他们各自的钥匙就能够完成这一点了，如 图55 所示。

图55

【问题】有两卷书贴在一起放着，但是书里长了一只书虫。书虫可以不断地啃噬图书，它能够一页一页地咬穿图书，从而穿透整本书并且留下一条通道。这只书虫就从第一卷书的第一页一直啃到了第二卷书的最后一页，如 图56 所示。

这两卷书每卷各有800页，那么请计算一下这只书虫一共啃坏了多少页呢？

这道题看似十分容易，但是也并不简单，要仔细思考。

【回答】大家一定会不假思索地说，两卷书被咬穿，那一定是800＋800＝1600页，再加上书的封面即可。但事实并不是那么简单。如果把这两卷书按照这种方式摆放：把第一卷书的第一页和第二卷书的最后一页紧挨着。那么我们就能很清楚地得出结论：这两卷书之间只有两页封面，其他什么都没有了。所以，在这种情况下，书虫所啃坏的只有两本书的封面而已，并没有破坏到书页部分。

一只书虫

图56

167

茶具位置

【问题】如 图57 所示，画中有一张盖了一块桌布的桌子。桌布上有很多个褶子，而这些褶子将整个桌面分成了6个部分。

这个游戏就是根据这些褶子来设置的。把6个茶具放置在这些褶子上。如图58，在其中3个褶子上放茶杯，一个褶子上放茶壶，一个褶子上放茶罐，最后一个褶子空着。题目的要求是把茶壶与茶罐的位置调换，但这不是简单地把两件茶具的位置互换，是要按照规则次序来移动所有的茶具而最终使茶壶与茶罐的位置发生调换。规则如下文所示：

● 只能将茶具放在空置的褶子上。

图57

● 两件茶具不能够叠加放置。

● 一个位置只能放一个茶具。

我们可以先把三个茶杯、一个茶罐、一个茶壶在不同的卡片上画出来，并且按照图示位置摆放好。之后我们再来尝试移动这些卡片，完成茶壶与茶罐调换位置的目标。这个过程可不是简单地几次调换就能完成的，需要极大的耐心。为了清晰简单地记录茶具的移动方式，我们给各个卡片编上号码。打个比方，如果大家在空白的位置上移入茶壶，那么记录为"5"。同样地，如果在空白的位置上移入茶罐，那么就记录为"4"，以此类推。

我坚信，只要大家耐心地移动这些茶具，最终一定能够找出把茶壶与茶罐调换位置的解决方案。正确的移动方法在答案里有提示，大家在尝试之后，可以把自己的结果与答案核对，看看是否是最优解答。

图58

【回答】同样地，这道题的答案也是不唯一的。能够把茶壶与茶罐对换位置的方法有很多种。有的方法的移动次数比较少，有的方法移动次数比较多。当然，移动的次数越少越好。最少的移动次数是17次，而最少的移动方案次序如下：

5→4→3→5→1→2→5→3→4→1→3→5→2→3→1→4→5

Chapter 7
神奇的数字

简便的乘法

如果你觉得关于9的乘法口诀很拗口，能用到的只有与9相关的算法，那么我告诉你一个好方法，仅仅用自己的手指就能够帮上你的大忙。

你大可把自己的10个手指看成计算器。举个例子，把双手放到桌面上，如果你要计算 4×9 得多少，那么第四个手指就可以看成一道分隔线。这跟手指左边有3根手指，右边是6根手指，所以我们就能一下子读取结果是36，也就是 $4 \times 9 = 36$。

大家可能还没有完全掌握，我们再来举一个例子：7×9 等于多少？

同样的方法，摊开两只手，把第七根手指看成分割线，它的左边是6根手指，右边是3根手指，所以答案就是63。

那 $9 \times 9 = ?$ 作为分割线的第九根手指，左边是8根手指，右边是1根手指，所以答案就是81。

这样手指就成了一个活计算器，十分高效简便。掌握了这个算法，大家就不会纠结 6×9 到底等于54还是56了，很明显有5根手指在第六根手指的左边，有4根手指在它的右边，所以答案自然是54。

有趣的年份

【问题】20世纪的某一年的年份在垂直翻转后，倒着读出来依然是那个数字，请问这是哪一年呢？

【回答】在20世纪这样的年份只有一个：1961年。

镜像里的数字

【问题】在19世纪的某一个年份，对着镜子看时，镜像的数字是原本这个年份的4.5倍。请问，你知道这是哪一年吗？

【回答】对着镜子看时，只有1、0、8这三个数字与原本没有区别。当然，大家都知道19世纪的年份，开头两位数字一定是18。那么这道题答案的年份就只会含有1、0、8这几个数字了。在经过尝试和验证之后，我们发现正确年份是1818年。在镜子中1818是8181，这样确实满足题目要求：8181是1818的4.5倍：$1818 \times 4.5 = 8181$。

这道题仅此一个答案。

173

都有哪些数字

【问题】有两个整数相乘，结果等于7，请问是哪两个数字？

提示：题目中要求的是两个整数相乘，类似 $\frac{31}{2} \times 2$ 或者 $\frac{21}{3} \times 3$ 这样的分数相乘都是不对的。

【回答】这样想，答案就非常明了了，只有1和7相乘等于7，不会有别的答案了。

加法和乘法

【问题】有两个整数，它们之和大于它们的乘积，请问是哪两个数呢？

【回答】这道题的答案不唯一。

3和1：$3 \times 1 = 3$，$3 + 1 = 4$。

10和1：$10 \times 1 = 10$，$10 + 1 = 11$。

不论是哪一种结果，都一定包含1。

因为1与任何整数相乘结果都是那个整数，并且该整数加上1一定会增大。

【问题】有两个整数，它们之和与它们的乘积相同。请问这是哪两个整数？

【回答】本题答案唯一：两个整数都是2。

结果相同

【问题】有3个数字，它们之和与它们相乘的结果相等，请问这是哪3个数字？

【回答】本题答案也是唯一的：数字1、2、3之和等于它们的乘积，即 $1+2+3=6$，$1×2×3=6$。

3个数的加与乘

两个数的乘除

【问题】有两个整数，相对较大的那个数除以较小的数的结果与这两个数的乘积相等，请问这是哪两个数呢？

【回答】这两个整数是1和2。运算结果是：$2 \div 1 = 2$，$2 \times 1 = 2$。

2月的星期五

【问题】一个月中不可能出现7个星期五。但我们的问题是：2月中会不会出现5个星期五呢？

【回答】答案是肯定的，在闰年的2月一共有29天，就可能会出现5个星期五的情况，例如2月1日是第一个

星期五的话，就会有：

2月8日：第二个星期五。

2月15日：第三个星期五。

2月22日：第四个星期五。

2月29日：第五个星期五。

累计算下来，这个2月就会有5个星期五出现了。

怎么得到20

【问题】下面列出了3个数字，分别是：111、777、999，现在要求划掉其中6个数字，使得剩下来的数字之和为20，能否完成呢？

【回答】正确的答案如下，用0来代表划掉的数字：

011

000

009

所以最终和为：11＋9＝20。

11颗坚果

【问题】这是一个两个人一起玩的游戏。在桌子上放置11颗坚果，比如，瓜子、核桃、松子等，每个人根据自己的意愿依次随机拿取1颗或者2颗或者3颗坚果。第二个

人拿完之后再由第一个人接着拿，以此类推，直到坚果全部被取光为止。最后一个拿到坚果的人就算输。

为了增加获胜概率，你将如何来拿坚果呢？

【回答】你应当争取第一个拿坚果，并且此时你一定要拿2颗，那么将剩下9颗。接下来你需要保证自己在第二轮取完坚果后只剩下5颗，根据游戏规则这很容易办到。所以接下来无论另一个人拿走多少颗坚果，你都能给他剩下1颗，从而顺利赢得游戏的胜利。

7个数字相加与相减

【问题】在纸上连续写出1、2、3、4、5、6、7这7个数字。在数字中写上加与减这两种运算符号，使得其运算结果等于40。

$$12 + 34 - 5 + 6 - 7 = 40$$

这很容易办到，现在利用同样的方法，使得运算结果等于55。

【回答】这道题目答案不唯一，一共有三种，分别是：

$$123 + 4 - 5 - 67 = 55$$
$$1 - 2 - 3 - 4 + 56 + 7 = 55$$
$$12 - 3 + 45 - 6 + 7 = 55$$

5个1

【问题】利用5个1通过加减乘除运算得到结果为100。

【回答】这道题的解法很简单，数字100的算法是：

$$111-11=100$$

几个几

5个5

【问题】利用5个5通过加减乘除运算得到结果为100。

【回答】$5 \times 5 \times 5 - 5 \times 5 = 125 - 25 = 100$

5个3

【问题】利用5个3通过加减乘除运算得到结果为100。

【回答】$33 \times 3 + \dfrac{3}{3} = 100$

5个2

【问题】利用5个2通过加减乘除运算得到结果为28。

【回答】$22 + 2 + 2 + 2 = 28$

4个2

【问题】利用4个2通过加减乘除运算得到结果为111，这道题相对前面

的题来说会稍难一些，试试看。

【回答】$\dfrac{222}{2} = 111$

4个3

【问题】我们知道同样的方法，很容易用4个3通过运算得出12的结果：$12 = 3 + 3 + 3 + 3$。

而利用4个3来运算出15和18的结果就需要思考一下了：

$15 = 3 + 3 + 3 \times 3$

$18 = 3 \times 3 + 3 \times 3$

若再用同样的方法，利用4个3运算出结果5，大家会觉得更加困难：

$5 = 3 - \dfrac{3}{3} + 3$

所以，大家现在试着利用4个3分别运算出结果1到10，其中数字5的算法已经在上面列出来了。

【回答】

$1 = \dfrac{33}{33}$

$2 = \dfrac{3}{3} + \dfrac{3}{3}$

$3 = \dfrac{(3+3+3)}{3}$

$4 = \dfrac{(3 \times 3 + 3)}{3}$

$6 = \dfrac{(3+3) \times 3}{3}$

$7 = 3 + 3 + \dfrac{3}{3}$

$8 = 3 \times 3 - \dfrac{3}{3}$

$$9 = 3 \times 3 + 3 - 3$$

$$10 = 3 \times 3 + \frac{3}{3}$$

因为很多答案不唯一，所以本题只列出一种正确的解答，大家可以开动脑筋继续发掘其他算法，比如，数字8还可以这么运算：$8 = \frac{33}{3} - 3$。

4个4

【问题】除了用4个3能完成上述的运算外，利用4个4一样能够完成。请你仔细思考运算出1到10。这样的算法比之前的题目稍难一些。

【回答】

$$1 = \frac{4+4}{4+4} \quad (或者 \frac{4 \times 4}{4 \times 4})$$

$$2 = \frac{4}{4} + \frac{4}{4}$$

$$3 = \frac{4+4+4}{4} \quad (或者 \frac{4 \times 4 - 4}{4})$$

$$4 = 4 + 4 \times (4 - 4)$$

$$5 = \frac{4 \times 4 + 4}{4}$$

$$6 = \frac{4+4}{4} + 4$$

$$7 = 4 + 4 - \frac{4}{4} \quad (或者 \frac{44}{4} - 4)$$

$$8 = 4 + 4 + 4 - 4 \quad (或者 4 \times 4 - 4 - 4)$$

$$9 = 4 + 4 + \frac{4}{4}$$

$$10 = \frac{44 - 4}{4}$$

Chapter 8
假象

魔术绳结

【问题】这是一个很神奇的魔术，如果你们能够学会并在大家面前展示的话，一定会一鸣惊人。

如图59在一根长30厘米的绳子上打一个活结，要十分宽松的那种。

之后再按照图60所示，在活结上面系上一个活结。你们一定会想，此时拉紧这根绳子就会得到两个牢固的双层结了。

千万别着急，我们继续来试着把这个绳结变得再复杂一些——可以用一根绳子一端直接穿过这两个活结，如图61所示。

完成了所有这些准备工作之后，魔术的关键环节就开始了。两人为一组，一人拿着绳子一端，另一人拿着绳子另一端，拉紧绳子。

绳子一舒展开来后，在场的所有人无不瞠目结舌、啧啧称奇：两位同学用手拉着的那根绳子竟然变成了一根光溜溜的绳子，所有错综复杂的绳结全都消失了，什么都没有了！

只有严格按照图60那样的方式来打绳

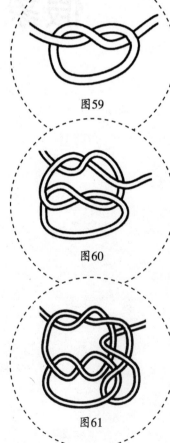

图59

图60

图61

结，才能够顺利完成这个魔术表演。这是因为在这种打结方式下，轻轻施加一个外力，绳结就可能全部自行解开。如果你们想要成功地表演这个魔术并且不想因为一个失误而尴尬的话，那么就请仔细观察这张示意图。

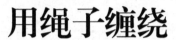

用绳子缠绕

【问题】按照图62所示的方法，用两根绳子将A、B两位同学绑起来。每根绳子都要缠绕同学的腕关节，之后再进行交叉，将绳子系牢固，让两位同学无法分开。

【回答】这样看似十分牢固的捆绑方式，实则不堪一击。有一种十分简便的方法，在不用剪断绳子的前提下就能够顺利解绑两位同学。

你们一定很想知道这是如何办到的，下面我们就来解答。

整个方法如 图62 所示：

A同学需要在自己手上的绳子上选取一点b，然后顺着图中箭头指向的方向，拿着b点穿过B同学右手上的环。

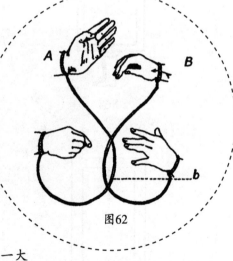

图62

在绳子穿越的过程中，当A同学的绳子一大半穿过那个环时，B同学就需要立刻将右手从形成的宽松绳套中穿过，进而拉A同学的绳子。如此这般，两位同学就解绑了。

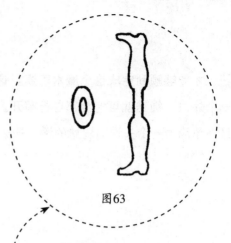

图63

挂在框上的靴子

【问题】拿出一张卡纸，按照 图63 所示的样式和大小，剪出一个纸框、一双靴子和一个椭圆形的纸环。纸环内部有一个椭圆，它的宽度比靴筒要窄，但是大小和纸框一样。

那么问题来了，你认为把靴子按照 图64 所示的方法挂在纸框上，这是可以做到的吗？

相信大家只要开动脑筋、动手尝试，就会发现这完全是可以做到的。到底该如何完成呢？

【回答】 图65 清晰地揭示了这个魔术的全部秘密。

首先，把纸框根据图示对折，让A、B两部分完全重合。

接着，从叠在一起的 a、b 端穿过椭圆形的纸环。

然后，把靴子穿过 a、b 之间存在的空隙，并把它对折移动到纸框折叠的地方。

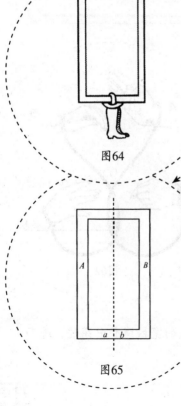

图64

图65

再然后，把椭圆形的纸环套在靴子上，就完成了。

最后一步，展开纸框，大功告成。靴子真的可以挂到纸框上了。

取下木塞的方法

【问题】如图66所示，有两个挂在厚厚的纸环上的软木塞，它们被一根短绳子拴住，并且在那根短绳上有一个金属环套着。你现在需要做的就是从那个纸环上取下这两个软木塞。这该如何办到呢？

本来这道题目并不是那么容易就能解决的，但如果你掌握了上一道题的原理，这道题也就能迎刃而解了。

【回答】操作的方法很简单，首先把纸环对折，移动金属环直至取下。然后软木塞就能够轻易地取下来了。整个过程如图67所示。

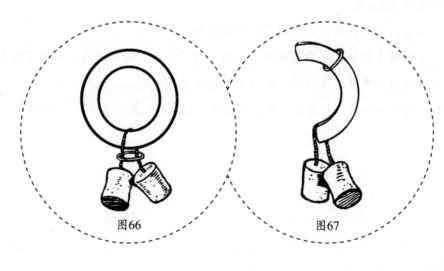

图66　　　　　　　　　图67

解开纽扣

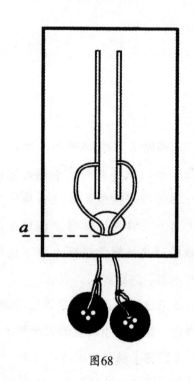

图68

【问题】图68中的厚纸片上被划开两道口子。在口子的下方切出一个直径比两道切口的间距大一些的圆孔 a。用一根绳子穿过 a 孔和两道切口，接着在绳子两端各绑上一颗纽扣，让绳子无法滑出 a 孔。

那么，现在将如何才能取下这两颗纽扣？

【回答】纽扣是一定能被取下来的。为了让两道切口间的纸条上下完全重合，就需要先将纸片对折；接着分别将纸条穿进圆孔、纽扣穿过纸条，这样就能形成一个活扣；最后想要分开纸片和纽扣只需要舒展开纸片即可。

【问题】如图69所示，从文件包中取出的两张长方形纸张A、B，它们的大小与记事本差不多，都是长7厘米，宽5厘米。接着拿出3条长度比长方形纸张的宽度长1厘米的带子或者纸条。然后把带子用胶水粘到两张纸上。

活纸夹子魔术

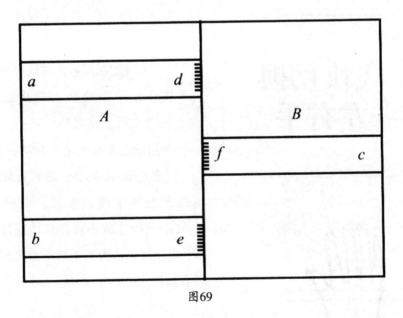

图69

粘贴的方法如图69所示，要把带子的a、b、c端折叠好再粘到纸片的背面，而带子的d、e、f端粘在内侧。

以上是全部的准备过程，做好的纸夹子将会完成一个叫作"活纸夹子"的魔术，这个魔术会让大家难以忘怀。为了让大家相信没有偷偷调换纸片，可以请一个同学在一张找来的纸片上签上自己的名字。之后把小纸条夹到带子下面再合上纸夹子。最神秘的事情就要发生了。当你再次打开纸夹子的时候，你就会发现那张小纸条竟然从刚刚的带子间掉了出去，直接滑进另一端的带子下了！

【回答】事实上，这类似杠杆原理，你关上纸夹子的时候，另一个方向是打开的，所以自然能掉下去。但是观众并不能很准确地发现这一点。这也是这个魔术的神秘之处。

飞快切换左右手

按照 图70 所示的方法，先用右手握住左手手腕处，再用左手握住一把直尺。接着打开左手，用右手食指固定直尺于左手的掌心中。

多尝试几次以能达到自如地切换左右手来固定直尺。在外人看来，这会是一种非常不可思议地握住直尺的手法。其实，大家不知道直尺只是被食指按住了，并没有什么特异功能。

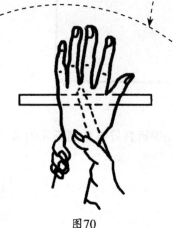

图70

【问题】一群人在一起喝茶，现在从糖罐里取出10块糖（图71），分别放到桌上的3只茶碗里，并保证每只茶碗里都只有奇数块糖，你知道大家是怎么做到的吗？

茶碗和糖

【回答】很多人想都不想就说这是做不到的，因为不会出现3个奇数的和是10。你稍加思考就会发现如果在第一只茶碗里放入5块糖，在第二只茶碗里放入3块糖。那么第三只茶碗里就只剩2块糖。最后把第二只茶碗叠加在第三只茶碗里。

这时候你再来算一算。第一只茶碗有5块糖，第二只茶碗有3块糖，这些糖块都是奇数个，都没有问题。第三只茶碗呢，它自身里面放了2块糖，可是它上面被叠加了第二只茶碗，也就是说第三只茶碗里一共有5块糖，这下三只茶碗里都是奇数块糖了。

图71

用一张纸撑
起一本书

图72

【问题】我们看到图72中有一本书和一张纸。现在需要用这张纸把整本书支撑起来，书与桌面的距离只能有几厘米，你会如何来做呢？

【回答】首先，把纸片剪成4块；然后，将每一块纸片卷成厚厚的纸卷；最后，把4个纸卷放在书的四个角处，就能把书支撑起来。这样书平躺在桌面上，并且保证与桌面的距离只有几厘米。效果呈现见图73。

图73

Chapter 9
魔法实验

盲区

移动图74，一直到让这幅图与眼睛的距离小到和小拇指与大拇指之间的距离一样。闭上你的左眼，仅仅用右眼去观察图案中的十字形，你就会惊奇地发现，图中的白圈竟然慢慢消失了，再也看不到了。

图74

其实，我们的眼睛有一个"盲点"区域，也就是说当图案在盲点里的时候我们的感光能力很弱，就几乎看不到这个物体了。

因为每一个人都有这样的盲区，所以这个实验屡试不爽。

按照图75的方式把一根木棍平放在两只手上，并且只用两个食指来支撑这根木棍的两端。然后，两个食指不断地靠近，直到它们完全并拢在一起。

食指上的木棍

图75

这时候，你们会惊奇地发现，木棍竟然安然无恙地平躺在两个靠拢在一起的食指上，没有掉落。这也是科学家们所说的中心位置。相信大家在做这个实验时也会发现，两个食指的移动并不像我们想象得那样是平滑同时相向而行的，而是先左手，再右手，再左手，再右手……这样有着一定先后顺序地不断循环往复进行的。

不管实验开始前你的手指在哪个位置，当实验结束两个食指并拢时，你的手指都只会出现在同一个地方。也就是说不管你怎么努力，都不可能使得两个食指出现在中心位置以外的地方。

大头针漂浮在水面

大家可能都理所当然地认为，如果把一枚大头针放到水面上，它是绝对不可能平稳地漂浮着而不沉入水底。不过如果你的手法得当，它还是有可能完成上述看似不可能完成的目标的。

首先，你需要在水面上放一张舒展开的卷烟纸，然后把大头针放到卷烟纸上，这很容易办到。

接着你需要用另一枚大头针小心谨慎地把卷烟纸慢慢戳入水中，最终使得卷烟纸完全浸没并且沉入水底。如果你足够小心，你就会发现那枚大头针仍然完好地漂在水面上。

按照图76的方法把大小与火车票类似的硬卡纸平放在一根手指上，接着把一枚老版2戈比的硬币或者新版5戈比的硬币放在纸片上。你现在想想你能不能飞速地抽走硬币下的硬纸片而让硬币安稳地留在指尖？

弹飞纸片

这看似绝对不可能完成。不过你们按照我的指示来操作一下：用力把那张硬纸片弹走，记住不要碰到硬币。这时你会发现，这一弹把硬纸片弹飞了，但是硬币却依然平稳地定在指尖。多试几次，相信你一定能成功。

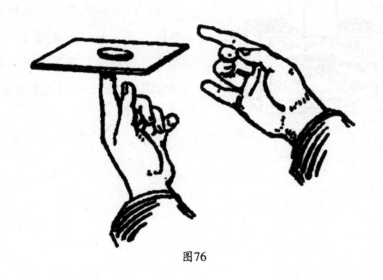

图76

火柴盒的韧性

其实，我们身边有很多小玩意儿都能够用来变魔术，比如火柴盒就可以。我们按照图77的做法将两个火柴盒错开来叠加在一起。你们来思考一下若是用力在火柴盒上打一拳，会出现什么样的结果。

没做过这个游戏的人一定会斩钉截铁地指出火柴盒会被压坏。但实际上，在你的重拳之下，火柴盒的两部分会立刻被打飞，但是分开了之后的火柴盒并没有任何破损，各自都是完好的。这说明火柴盒是非常有韧性的，在受到重击时能够部分弯曲以抗击外力而不破裂。

图77

无法协调的
手与脚

图78

如果你认为很简单的话，那可以尝试着让你的右手和右脚同时向着相反的方向画圈（图78）。

这是一组非常难以办到的动作，不信你可以试一试。

左手和右手

还有一道与上面类似的题目。你在用左手拍打左胸的同时尝试着用右手抚摸右胸。这又是一组看似容易实际上却需要大量练习才能办到的动作。

顶在一起的食指

我们再来做一个实验，按照图79所示，把自己的两个食指顶在一起。这时候让另一个人通过抓住你的手肘往外拉来分开你的这两个手指。你会发现，就算对方力气比你大，他也是很难把你的两个食指分开的。你稍加用力，就足以抵抗他的拉力了。

图79

这是一个用一根火柴来托起11根火柴的实验。首先，按照图80所示拼出这12根火柴。再小心翼翼地提起最下面的那根火柴。慢慢地你就会发现，如果你足够有耐心，足够有智慧，就能够仅仅利用1根火柴来托起11根火柴。

多尝试几次就可以做到，相信你的能力和耐心。

托起11根火柴

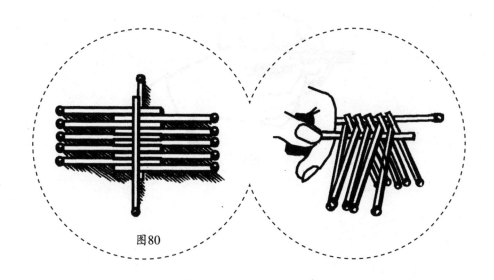

图80

夹起火柴

你可不可以像使用筷子一样，用两根火柴夹起另一根火柴呢（图81）？

这又是一道看似容易的题目。但是在实际操作中，只要你在夹火柴的同时稍加用力就会让那根火柴翻转而难以控制平衡，所以这需要很大的耐心。

图81

Chapter 10
有趣的计算

祖孙三人的年纪

【问题】"老伯伯，您的儿子今年多大了？"

"我儿子的年龄如果用周算与我孙子年龄用天算是一样的数字。"

"那您的孙子今年多大了呢？"

"我的年龄和我孙子的年龄按月算是一样的。"

"您今年高寿？"

"我们祖孙三人年龄之和是100岁。你来算一算我们分别是多少岁呢？"

【回答】其实想要计算这3个人的年龄并不难。我们首先得出的结论是儿子年龄是孙子的7倍，接着爷爷的年龄又是孙子的12倍。我们先来假设孙子只有1岁，那么儿子就是7岁，爷爷就是12岁。这三个人年龄之和只有20，而实际年龄之和是这个假设的5倍，那么每个人的实际年龄只需要在此基础上分别乘以5即可得到。也就是说孙子的实际年龄是5岁，儿子的实际年龄是35岁，爷爷的实际年龄是60岁。那么三人年龄总和为5＋35＋60＝100，符合题意。

【问题】一个人有6个儿子，并且每个儿子都有一个姐姐或者妹妹，你知道那个人有几个孩子吗？

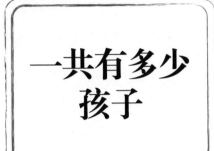

一共有多少孩子

【回答】大家可能会不假思索地说一共有12个孩子，因为每个儿子都有相应的姐妹，那就一定有6个女儿。但实际上只需要有一个女儿，就足以让每个儿子都有一个姐姐或者妹妹了。也就是说一共只有7个孩子。

【问题】我有一个儿子和一个女儿，两年之后儿子的年龄会变成两年之前的2倍。而3年之后，女儿的年龄会变成3年之前的3倍。

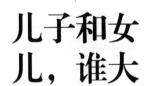

儿子和女儿，谁大

你们来算算看，他俩谁更年长呢？

【回答】实际上，这是一对龙凤胎，所以他们的年龄是一样的，他们的年龄都是6岁。

现在，我们通过计算得出这个结论。两年之后，儿子的年龄增加了2，

比两年之前大了4岁，而两年后的年龄却是两年前的两倍，那么现在儿子的年龄就是4＋2＝6岁。同样的方法，能推算出女儿的年龄也是6岁。

$$（6+2）÷（6-2）=2$$
$$（6+3）÷（6-3）=3$$

有多少兄弟姐妹

【问题】我的兄弟人数与姐妹人数一样多。但我的一个姐妹，她的姐妹人数是她兄弟人数的2倍。请你来算算我们兄弟姐妹一共有多少人？

【回答】正确答案是兄弟姐妹一共有7个人，其中兄弟4人，姐妹3人。

3枚鸡蛋

【问题】一顿早餐，两位父亲和两个儿子每人都吃了1枚鸡蛋，但是他们总共只吃掉了3枚鸡蛋，这是怎么回事呢？

【回答】这道题倒是不难回答。

这两对父子实际上只有3个人，他们分别是：爷爷、爷爷的儿子和爷爷的孙子。爷爷是爷爷的儿子的父亲，爷爷的儿子是爷爷的孙子的父亲，这样两对父子满足了题目的条件。3个人各自吃了1枚鸡蛋，一共吃掉了3枚鸡蛋。

蜗牛爬几天

【问题】一只蜗牛，它白天的爬行长度是5米，可是夜晚又会下滑4米。在这种速度的情况下，想要爬上15米高的一棵大树需要多少天呢？

【回答】正确答案是10个昼夜加1个白天。前10天蜗牛由于白天向上爬5米、晚上下滑4米而导致每一个昼夜实际上爬的高度是1米，一共爬了10米。但是在第11个白天时，它一下子就爬了5米而到达树的顶端，这样就已经完成了目标。而不是大家先入为主地认为是15天。

砍柴

【问题】有一根长5米的木材，几位伐木工人需要把它砍成每段1米长的木柴。伐木工人每锯下一段木柴需要 $\frac{3}{2}$ 分钟。那么这根木材需要多

久才能被锯成所要求的木柴呢?

【回答】如果我不给大家提示的话，你们可能会想当然地认为一共需

要 $\frac{3}{2} \times 5$，也就是 $\frac{15}{2}$ 分钟。但实际上这根木材只需要锯4次即可锯成所要的木柴

了，因为最后2米只需要锯一刀即可。那么所需要的时间一共是 $\frac{3}{2} \times 4 = 6$ 分钟。

耗时多久

【问题】一位农民打算坐火车和骑牛去城里办事。其中坐火车驶过前一半路程，这样所花费的时间是走路的 $\frac{1}{15}$。接着再用骑牛的方式走过后一半路程，所花费的时间是走路的2倍。那么你来算算这位农民这样走完全程比走路能节省多长时间?

【回答】这位农民实际上是在浪费时间，因为后一段路程骑着牛赶路花费的时间是走路的2倍，那么实际上所用的时间是步行走完全程的时间。那么前半段坐火车的时间就是所浪费的时间了，即走半段路耗时的 $\frac{1}{15}$。

树枝上有几只乌鸦

【问题】一棵枯树上飞来了几只乌鸦。

如果每根树枝上落1只乌鸦，那么就会有1只乌鸦没有树枝可以栖息；如果每根树枝上落2只乌鸦，那么就会有一根空树枝。请问一共有多少只乌鸦？一共有多少根树枝？

【回答】这是一道来自民间的趣味数学题。

根据题目的意思，如果每根树枝上落1只乌鸦，那么就会有1只乌鸦没有树枝可以栖息；如果每根树枝上落2只乌鸦，那么就会有一根空树枝。

所以，我们可以得出第二种方法需要的乌鸦会比第一种方法需要的乌鸦多3只。

而第二种方法每根树枝上都比第一种方法的每根树枝多1只乌鸦，那么就可以得出一共需要3根树枝。

我们再来计算乌鸦，每根树枝上有2只乌鸦就多余一根树枝，那么乌鸦总数就是4只。

最终结果就是3根树枝与4只乌鸦。

分苹果

【问题】两个孩子在为苹果的分配方法而争论不休。A对B说："你给我一个苹果吧，这样我的苹果数就是你的2倍了。"

B不服，争辩道："这多不公平，应该是你给我一个苹果，这样咱俩苹果数才一样。"

所以大家来计算一下，他们各自有几个苹果呢？

【回答】首先，B如果给A一个苹果，那么A就是B的2倍。其次，若A给B一个苹果，他俩的苹果数目就一样多。

那么，就说明A比B多2个苹果，而B再给A一个苹果的话，两人就相差了4个苹果，此时就会出现A是B苹果数目的2倍，说明B有4个苹果，A有8个苹果。而在交换之前，A会有8-1＝7个苹果，而B会有4+1＝5个苹果。

现在，来检验所得到的结论：

A给B一个苹果，那么A剩下6个苹果，B拥有了6个苹果，此时两人苹果数目一致。

B给A一个苹果，那么B剩下4个苹果，A拥有了8个苹果，此时A的苹果数是B的2倍。

答案完全符合题目要求。因此正确答案是A有7个苹果，B有5个苹果。

【问题】每一条皮带和皮带扣的总售价是68戈比，而一个皮带扣的单价则要比一条皮带的单价便宜60戈比。

那么请问，皮带扣的单价应该是多少？

【回答】看到这个问题，大家的第一反应肯定会认为皮带扣的单价是8戈比，你要是这样想可就错了，因为如果皮带扣的单价是8戈比，那么皮带的单价就是60戈比，皮带扣就会比皮带便宜52戈比，而不是题目所说的60戈比了。

正确的答案应该是这样的：皮带扣的单价应该是4戈比，皮带的单价68—4＝64戈比，这样才能够满足皮带的单价比皮带扣的单价贵64—4＝60戈比。

【问题】如图82所示，有3种大小不同的容器摆放在架子上，并保证每个架子上所摆放的所有的容器容积的总和都是一样的。已知，容积最小的那个容器刚好能容纳一只玻璃杯。那么请问另外两种容积的

容器分别可以容纳的玻璃杯数量是多少？

【回答】我们先从所给的图82中分析一下。来看一下第一排和第三排柜子所摆放的容器，很明显可以看出的不同之处是：相比第一排的柜子，第三排的柜子上面多了一个中型体积的容器，少了1个小型体积的容器。但是由题目可知每个架子上所摆放的容器容积的总和都是一样的，就相当于一个中型容器的容积与3个小型容器的容积是相等的。根据一个小型容器可以容纳一个玻璃杯可知，一个中型容器可以容纳3只玻璃杯。

这个时候，我们把第一排柜子上面已知容积的容器全部换算成玻璃杯，那么第一排的柜子就相当于摆放了1只大型容器和12只玻璃杯。

这时，我们再和第二排的柜子比较一下，轻而易举就可以换算出每只大型容器的容量了，就是6只玻璃杯。

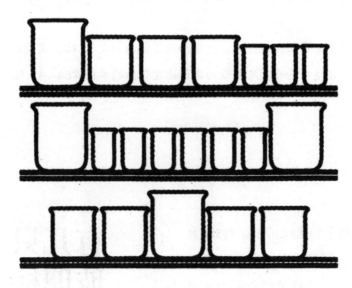

图82

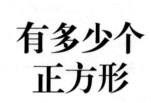

有多少个正方形

【问题】大家仔细观察图83，你们认为这幅图中所存在的正方形的数目是多少？我想你们肯定会说是25个，但是这个答案是错误的。虽然图片中的25个小正方形可以一目了然地观察出来，但是你们考虑得不够全面。再认真考虑一下就可以发现，还有不少正方形是由4个小正方形组成的。而除此之外，还有许多正方形则是由9个或者16个小正方形组成的。除了这些之外，最大的正方形可不要忘记算进去，就是图中25个小正方形组成的最外面的轮廓，不也是一个正方形吗？

好了，分析了这么多，那么这个图片中所包含的正方形的数目到底是多少个呢？大家不妨来自己数一下吧！

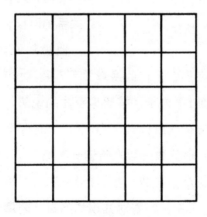

图83

【回答】我们按照题目中分析的思路来数一下正方形的数目：

小正方形	25个
包含4个小正方形的正方形	16个
包含9个小正方形的正方形	9个
包含16个小正方形的正方形	4个
包含25个小正方形的正方形	1个

把上面我们数出来的数字加起来，可知这幅图片中所包含的正方形的数目总共是55个。

1平方米

【问题】大家都知道平方米和平方毫米这两个单位之间的换算关系是：100万个平方毫米能够组成1平方米。然而，阿廖沙第一次知道这种换算关系的时候，完全难以置信。

他极其讶异地说道："这两个单位之间怎么可能存在那么多倍的换算关系？我这里有一张长和宽均为1米的方格纸，它的面积是1平方米，按照你刚才的说法，这张方格纸上面所画的1毫米×1毫米的小方格就应该有100万个，这怎么可能呢！"

"既然你不相信，那就数一数来验证一下吧！"

阿廖沙最终还是决定亲自数一数这1平方米的方格纸上面到底有多少个1平方毫米的小方格。于是，怀着对知识的好奇，阿廖沙在星期天的早上早早地就起床开始数小方格，为了避免数重或者漏数，他每数一个小方格，都会用笔在上面做上标记。阿廖沙快速地数着，他数一个小方格所需要的时间仅仅是1秒。

整个过程中，阿廖沙都全神贯注、废寝忘食地数着小方格。那么，现在的问题是：你们认为给阿廖沙一整天的时间，他能够把这张1平方米的方格纸上的小方格数完吗？

【回答】答案是这样的：阿廖沙想要在一整天的时间内数出这张1平方米的方格纸上是否有100万个1平方毫米的小方格，这根本就是一件不可能完成的事情，简直就是天方夜谭！他数一个小方格需要1秒钟，所以就算他一整天不吃不喝，1秒钟不停歇地数（1天等于24小时，1小时等于60分钟，1分钟等于60秒），也只能数 $24 \times 60 \times 60 = 86400$ 个小方格。那么如果阿廖沙非要数完的话，他如果每天都数24个小时，则他要数10多天才可以数完；如果每天只数8个小时，那得连续数一个月才能数完。

公平地分苹果

【问题】米莎的6个同学来到米莎家里玩儿，米莎的爸爸本来打算给他们每人准备1个苹果，但是不巧的是，家里只剩5个苹果了，这可该怎么办？米莎的爸爸希望能够把这5个苹果平均分配给6个人，不让任何一个人受委屈。那么唯一的办法就是把苹果切开。可是又不能切成很小的苹果块，那每个苹果是切成2块还是切成3块更为合适呢？所以现在的问题

就是：要求每个苹果最多只能被切成3块，而且还要能够平均地分配给6个人，该如何分配？

这个难题，米莎的爸爸是如何解决的呢？

【回答】米莎的爸爸肯定是这样做的：他首先拿出3个苹果，分别切成相等的2块，这样就可以分给每个人半个苹果。现在还剩下2个苹果，只有把这两个都三等分，才能得到6块，分给每一个小朋友。所以，按照这样分割苹果的方法，就可以保证公平公正地给每个小朋友分到一样数目的苹果，每个小朋友都可以拿到一块 $\frac{1}{2}$ 的苹果和一块 $\frac{1}{3}$ 的苹果。

与此同时，我们也满足了每一个苹果最多只能切成3块的要求。

分蜂蜜

【问题】仓库里面有21只大桶，其中7只桶都装满了蜂蜜，另外7只桶所装的蜂蜜只有容积的 $\frac{1}{2}$ ，最后剩下的7只桶则是空的。

由于这些蜂蜜是要供给3家商户，所以我们现在需要把这些蜂蜜平均装入这21只桶中。如果还要保证不把一只桶里面的蜂蜜倾倒进另一只桶，这个时候该如何对这些蜂蜜进行均分？

对于这个问题的解决方案，你能想出来几种呢？能把它们分别列出来吗？

【回答】阅读题目，我们可以得到的信息是：总共有21只桶，总共有 $7+\frac{7}{2}=\frac{21}{2}$ 桶蜂蜜。那么，把这两种桶装的蜂蜜平均分成3份的话，每一份都应该有7只桶，以及$\frac{7}{2}$桶蜂蜜。关于如何分配，这里有两种解答方法。

第一种解答方法：

第一家	3只装满蜂蜜的桶 1只装有半桶蜂蜜的桶 3只空桶	共计$\frac{7}{2}$桶蜂蜜
第二家	2只装满蜂蜜的桶 3只装有半桶蜂蜜的桶 2只空桶	共计$\frac{7}{2}$桶蜂蜜
第三家	2只装满蜂蜜的桶 3只装有半桶蜂蜜的桶 2只空桶	共计$\frac{7}{2}$桶蜂蜜

第二种解答方法：

第一家	3只装满蜂蜜的桶 1只装有半桶蜂蜜的桶 3只空桶	共计$\frac{7}{2}$桶蜂蜜
第二家	3只装满蜂蜜的桶 1只装有半桶蜂蜜的桶 3只空桶	共计$\frac{7}{2}$桶蜂蜜
第三家	1只装满蜂蜜的桶 5只装有半桶蜂蜜的桶 1只空桶	共计$\frac{7}{2}$桶蜂蜜

买邮票

【问题】有一个人，去邮局花了5卢布买到了100枚邮票，这100枚邮票总共有3种类型，分别价值50戈比、10戈比和1戈比。

现在的问题是：请问这个人所买的100枚邮票中，每个类型的邮票各有多少枚？

【回答】对于这个题目，答案只有一个：

这个人所买的100枚邮票，每种类型分别是：

50戈比的邮票	1枚
10戈比的邮票	39枚
1戈比的邮票	60枚

所以，把每种类型邮票的张数加起来就可以得到所买邮票的总数：

$$1+39+60=100枚$$

买这些邮票所要花费的钱数是：$50+390+60=500$戈比，也就是5卢布。

【问题】米莎家里有几只猫?

米莎是一个非常有爱心而且又很喜欢小猫的孩子，所以每当她在路上看到流浪猫的时候，她一定会将这些小猫带回家收养。米莎现在家里已经有好几只猫了，但是她害

米莎的小猫

怕同学们会嘲笑她，所以从来不会直接告诉别人她家里小猫的数量。有一次，她的同学们又问她："米莎，你现在养的猫总共有多少只啊？"

米莎不愿意直接回答，于是委婉地说道："不是很多，小猫的总数目是所有猫数目的 $\frac{3}{4}$ 再加一只小猫的 $\frac{3}{4}$。"

大家听完之后都笑了起来，没有人把米莎给他们出的这道题目当真，以为她是在开玩笑。那么，请大家来解答一下这个题目吧！

【回答】米莎说猫的总数是小猫总数的 $\frac{3}{4}$ 加上一只小猫的 $\frac{3}{4}$。那么换句话说，也就是猫的总数的 $\frac{1}{4}$ 就是一只小猫的 $\frac{3}{4}$，所以猫的总数量就是：

$$4 \times \frac{3}{4} = 3 \text{只}$$

我们再来看一下米莎开始的描述：猫总数的 $\frac{3}{4}$ 是：

$$3 \times \frac{3}{4} = \frac{9}{4} \text{只}$$

那么，只要再加上一只小猫咪的 $\frac{3}{4}$，就刚好是小猫总数目：

$$\frac{9}{4}+\frac{3}{4}=3只$$

硬币的面值和总数

【问题】一个人现在总共有价值4卢布65戈比的42枚硬币，这些硬币是由1卢布、10戈比和1戈比面值的硬币组成的。

那么现在有两个问题：

第一，请问这3种不同面值的硬币分别有多少枚？

第二，对于这道题目的解题方法，你能想到几种？

【回答】如下表所示：

	第一种方法	第二种方法	第三种方法	第四种方法
卢布	1	2	3	4
10戈比	36	25	14	3
1戈比	5	15	25	35
总计	42	42	42	42

【问题】一位农妇去集市上售卖鸡蛋。

这位农妇的鸡蛋总共卖给了3个人，第一个人买的鸡蛋数目是鸡蛋总数目的一半外加 $\frac{1}{2}$ 枚鸡蛋。第二个人除了买了第一个人剩余的 $\frac{1}{2}$ 枚

一共有多少枚鸡蛋

鸡蛋之外，还把刚才剩下的所有鸡蛋的 $\frac{1}{2}$ 买走了。这时，第三个人能够买的鸡蛋数目只剩1了。

3个人按照这样的计算方式就可以把农妇的所有鸡蛋全部买完。

那么问题是：请问这位农妇售卖的鸡蛋总数是多少？

【回答】首先，我们可以确定的是，这位农妇在售卖的鸡蛋总数目一定是奇数。因为第一个人最后多买了 $\frac{1}{2}$ 枚鸡蛋，所以说明一开始总数的一半肯定是小数，只有这样才能凑成一整个鸡蛋。那么鸡蛋的总数到底是多少呢？我们需要从第三个人所买的鸡蛋数入手。第三个人只剩1枚鸡蛋可以买，那么也就是说，因为第二个人买走了之前所剩鸡蛋的一半和 $\frac{1}{2}$ 枚鸡蛋之后，就只有1枚鸡蛋了。这就相当于第一个人买剩下的鸡蛋数目的一半就是1枚鸡蛋加 $\frac{1}{2}$ 枚鸡蛋。所以，通过前面的推理，可以得到第一个人买完鸡蛋之后所剩的鸡蛋数目是 $\frac{3}{2}+\frac{3}{2}=3$ 枚，那么再加上被第一个人额外买走的半枚鸡蛋，

221

这时的数目就是这位农妇鸡蛋的总数目的 $\frac{1}{2}$ ，所以这位农妇一开始售卖的鸡蛋总数目是 $\frac{7}{2}+\frac{7}{2}=7$ 枚。

农妇是怎么上当的

【问题】两位农妇各赚了多少钱?

有两位农妇每人带了30枚鸡蛋一起去市场上卖，但是她们两人卖鸡蛋的方式不一样：其中一位按对出售，一对鸡蛋5戈比；而另一位卖鸡蛋的价格则是3枚5戈比。很快卖完鸡蛋之后，由于她们两个人都不会数数，于是她们找到一位路人帮她们数一下钱数。

路人拿着钱和她们说道："你们两个人卖鸡蛋的价格虽然不一样，一个人的零售价是5戈比一对鸡蛋，另一个人的零售价是5戈比3枚鸡蛋，但是把你的2枚鸡蛋和她的3枚鸡蛋加起来，是不是就相当于5枚鸡蛋10戈比？那么你们每人30枚鸡蛋，加起来总共是60枚鸡蛋，而60枚鸡蛋也就是12个5枚，所以你们两个人总共赚到的钱数应该是 $12 \times 10 = 120$ 戈比，也就是1卢布20戈比。"

路人说完便根据算出来的结果，给了两位农妇总共120戈比，然后把剩余的5戈比悄悄装进自己的口袋。

但是这剩余的5戈比是如何多出来的呢？

【回答】这位路人的计算方法是不正确的。按照他的算法：两位农妇出售鸡蛋，每2枚鸡蛋5戈比和每3枚鸡蛋5戈比，她们的收入是一样的，那么鸡蛋的平均价格就是2戈比一枚。

实际上，第一位农妇卖出了15对鸡蛋；第二位农妇按照每3枚鸡蛋5戈比的价格出售，她一共卖出了10组鸡蛋。两位农妇出售的鸡蛋中，价格贵的比便宜的卖的次数多，因此鸡蛋的平均价格应该比2戈比多。她们的实际收入应当是：

$$\frac{30}{2} \times 5 + \frac{30}{2} \times 5 = 125 戈比 = 1 卢布 25 戈比$$

敲几下

【问题】假如一个时钟敲3下所需要的时间是3秒钟。

那么，请问需要多少秒它才能敲7下呢？

【回答】如果一个时钟敲3下需要3秒钟，而3秒钟这段时间之内有2个时间段，正是这2个时间段组成了3秒钟，所以每一个时间段可以持续的时间是 $\frac{3}{2}$ 秒。

如果敲7下，所需要的时间就应该是由6个时间段组成的，所以 $6 \times \frac{3}{2} = 9$ 秒就可以保证时钟敲7下了。

母猫和小猫

【问题】有一个家庭养了好几只母猫，而且母猫的重量都是相同的。现在，这几只猫妈妈都各自生下一只小猫咪，猫妈妈和小猫咪的体重之间存在如下的关系：4只猫妈妈和3只小猫咪的重量是15千克。

3只猫妈妈和4只小猫咪的重量是13千克。请问猫妈妈和小猫咪的体重分别是多少？我们假设每只猫妈妈的重量都是相同的，而且每只小猫咪的重量也是相同的。

【回答】通过题目所给出的已知条件：

● 4只猫妈妈和3只小猫咪的重量是15千克。

● 3只猫妈妈和4只小猫咪的重量是13千克。

那么，我们把这两个条件分别相加就可以得到这样一条信息：7只猫妈妈和7只小猫咪的重量是28千克。

也就是说，一只猫妈妈和一只小猫咪的重量是4千克，同时乘以4就得到4只猫妈妈和4只小猫咪的重量是16千克。

而根据已知条件的第一条：4只猫妈妈和3只小猫咪的重量是15千克。

以及我们刚刚得出的结论：4只猫妈妈和4只小猫咪的重量是16千克。

相减就可以得出，这两个条件相差的1千克就应该是一只小猫咪的重量。而一只猫妈妈和一只小猫咪的重量是4千克，所以一只猫妈妈的重量就应该是3千克。

【问题】接下来的这道题目，你可以说它像是一道练习题，也可以说它像是一个魔术，出这道题就是为了让大家娱乐放松一下。

这里有一个正方形，它的内部有9个小的正方形，都是由火柴棒组成的。现在，给每一个方格中放入一枚硬币，保证每一横行和每一纵列的硬币总价值都是6戈比，如图84所示。

49个小方格

图84

现在需要大家回答的问题是：如果不移动画着圆圈的那些硬币，其他

225

的硬币可以任意调换位置，如何做能保证每一横行和每一纵列的硬币总价值始终保持6戈比？

【回答】大家是不是都认为这是不可能完成的题目？其实并不是这样，只要大家仔细思考一下，就会发现这个看似难以完成的题目还是很容易的。大家注意看，我们不改变纵列，而只是把最底部的一横行硬币调换到第一行（图85），就达到了题目的要求。我们这样的做法也符合题目提出的不移动画圆圈硬币位置、调换其他硬币顺序的要求。

3	1	2
1	2	3
2	③	1

图85

Chapter 11
猜猜看

左手还是右手

【问题】有这样一个问题：

你们可以把一枚2戈比的硬币握在你其中一只手里面，然后把一枚3戈比的硬币握在另一只手中。当然，你们不要让我看见你们这两枚硬币是如何分配给两只手的。

那么，接下来如果大家根据我的要求这样做了，就会发生一个很神奇的事情：我能够准确地说出这两枚硬币分别在你的哪一只手里面。

不过在我猜出来之前，还需要你们配合我一下，你们给接下来在你们右手所拿的硬币数值上乘以3，在左手所拿硬币的数值上乘以2，之后将得到的两个数字相加，把最终所得结果的奇偶性告诉我。

然后我要想正确地说出你们两只手中分别拿的是哪一枚硬币，只需要凭借你们告诉我的最终结果的奇偶性就可以做到。

举一个例子来说明一下，假如你把2戈比的硬币握在右手，而左手握着3戈比的硬币，那么按照我的要求，应该有如下的计算方法：

$$（2×3）+（3×2）=12$$

可以看到所得到的结果是一个偶数，那么在你告诉我奇偶性的时候，我就能够很迅速地告诉你，你把2戈比的硬币拿在右手，而把3戈比的硬币拿在左手。

我是如何迅速地完成这一过程的呢？

【回答】在分析这个题目的解题方法之前，大家需要先了解数字具有这样一个特征：

2乘以任意一个数值所得到的结果一定是偶数，而3只有乘以一个奇数所得结果才能是奇数，如果3乘以一个偶数，那么得到的结果仍旧会是偶数。然后，对于加法，一个奇数加上另一个奇数，或者一个偶数加上另一个偶数，这两种情况所得到的结果必然还是偶数，而一个奇数与一个偶数的和，永远都是奇数。大家可以代入任意的数字来对这个特征进行验证。

大家现在了解了数字的这些特征，然后把它们带入这个题目之中就是这个样子的：

要想使最终两个手的数值之和为偶数，那么只有3戈比的硬币在左手的时候才能够达到，因为3戈比乘以2是偶数，2戈比乘以3是偶数，最终的加和肯定也是偶数。但是如果假设3戈比的硬币是在右手呢？那么3戈比乘以3是奇数，2戈比乘以2是偶数，最终的加和也就是奇数。所以，我想要猜出奇数面值的硬币在你的哪只手中，只需要你告诉我按照这种要求算出来的加和数值的奇偶性就可以了。

所以根据这个道理，大家也就可以选择任意两种面值的硬币，比如2戈比和5戈比，10戈比和15戈比，20戈比和15戈比，来完成这个魔术。当然，所乘的数字也可以是随意的一对：比如5和10、2和5等。

肯定有人会说，有没有其他道具可以完成这个魔术，当然有，比如说火柴就可以进行表演，不过这个时候魔术师应该这样向大家说：

"请大家拿出2根火柴，握在其中一只手里面，另外一只手握上5根火柴，然后给左手所拿的火柴数目乘以2，右手所拿的火柴数目乘以5，最后将所得到的结果加起来……"

多米诺骨牌

【问题】接下来的这个魔术可能会比较难理解，因为在表演的时候会有一些比较晦涩的技巧性东西在里面。

现在，我们来演示一下，你告诉你的朋友，让他们在心中默默地选上一张多米诺骨牌，然后这个时候，即使你待在旁边的房间，你也能够正确地说出他们所选的牌面上的数字。

为了使这个魔术更能让大家信服，你可以让你的朋友帮你把眼睛蒙上，然后按照下面的程序进行：

第1步：一位朋友拿着自己选出来的多米诺骨牌。

第2步：向处于旁边另一个房间的你进行提问，要求你说出来这张骨牌上面的数字。

这个过程中，你并不需要看见骨牌或者向其他朋友寻求帮助，在他提问完之后，你就能够快速、准确地说出骨牌上的数字。

表演魔术的这两个人是如何演出这种"心灵感应"的呢？

【回答】其实原理是这样的：你们在表演的过程中运用了一套只有你和你的朋友理解的秘密"电报"，在开始之前你们就需要讨论好这个秘密的表达到底是什么。你们讨论的最终结果是这样的：

"我"表示"1"；

"你"表示"2"；

"他"表示"3";

"我们"表示"4";

"您"表示"5";

"他们"表示"6"。

知道了这些密码之后，应该怎样应用到这个魔术之中呢？接下来，我举个例子解释一下：

和你一起搭档的朋友选出了一张多米诺骨牌，那么他的提问方式如果是这样："我们选中了一张骨牌，你猜猜它是什么？"

这时，你应该把这个"电报"和之前你们讨论的密码结果进行一一对应。"我们"表示"4"，"他"表示"3"，也就是说他在向你表示这张骨牌上面的数字应该是4 | 3。

再比如，你的朋友选择的骨牌的数字是1 | 5，那么这时他会在提问之后找到合适的机会和你说这样一句暗语："我认为，您这次猜中的概率可不大呀。"

然而观看表演的观众根本不会想到，其实他已经通过秘密"电报"悄悄地把答案传递给了你："我"表示"1"，"您"表示"5"。

那么，大家自己考虑一下，如果你朋友选择的骨牌数字是4 | 2，这个时候他应该发一份什么样的"电报"来向你传达正确答案呢？

根据之前你们讨论的密码结果，他应该组织这样的语言来和你说："好啦，我们现在所抽选的这张骨牌，你恐怕是没有办法猜到了。"

当然，多米诺骨牌还存在这样一种特殊的形式，那就是牌面是一张白板，上面没有任何数字，这个时候又该怎么向搭档传递信息呢？其实，这种情况更简单，可以随意选择比较特殊的词，比如"伙计"之类的词语。举个例子，你的朋友选择的骨牌有一半是白板，另一半是4，也就是0 | 4，这时你的朋友应该这样向你提问："嘿，伙计，来猜一下这一次我们选择的骨牌是什么？"

这时，你就应该猜出来，他所说的其实就是0｜4。

另一种猜骨牌的方法

【问题】我们接下来要讲解的这个魔术，在操作的过程中，并不需要任何稀奇古怪的花招，这是一个纯粹的只需要数字计算就可以完成的魔术。

我们来演示一下，你可以先让你的一个朋友在这里挑选出一张多米诺骨牌，然后装进衣服口袋，不要让任何人看见。那么我们只需要他按照接下来的一系列要求逐一完成计算，你就可以准确地猜测出来你的朋友所抽取的骨牌是哪一个了。举一个例子：如果他抽取的骨牌是6｜3，那么接下来让他完成下列计算：

首先，让他选取骨牌上两个数字的其中一个（比如6），给这个数字乘以2，6×2＝12。

接下来给这个数字加7，得到如下结果：12＋7＝19。

然后给上述结果再乘以5，得：19×5＝95。

这个时候该用上多米诺骨牌上的另一个数字了，给这个数字（这里是指3）加上上面那一步所得到的结果：95＋3＝98。

你需要让他把经过一系列简单计算的结果给你看。

然后你再把你看到的计算结果减掉35，这时得到的数字：98－35＝63，就是最终的结果了。然后，你会发现，把得到的结果拆开，就是你的朋友一开始选择的多米诺骨牌6｜3。

这时，你肯定会有这样的疑问：为什么要通过这样一系列计算，而且最后减去的数字是35，而不是其他数字呢？

【回答】我接下来就给大家解释一下其中的原理：一开始，我们先选择了一个数字，然后给这个数字乘以2，之后又乘以5，所以可以说是给这个数字乘了2×5＝10。下一步，我们又给上面的结果加上了7，然后又给它乘上了5，也就是说，我们其实是给这个数字加上了7×5＝35。所以你们想一想，我们给最终的数字减掉35之后，所剩下的数字是不是就应该是你最开始在多米诺骨牌上选择的数字的10倍？所以最后再加上的数字就是骨牌上剩下的另一位数了。这下大家应该就可以理解为什么我们在经过这么一系列的计算之后可以得到骨牌上的数字了吧。

数字猜谜

【问题】你现在在脑海中随意想出一个数字，然后按照我的要求进行以下运算：

- 第1步：给这个数字先加上1。
- 第2步：然后再乘以3。
- 第3步：再加上1。
- 第4步：给上述结果再加上你一开始想的数字。

把得到的最终结果告诉我。

在我得知了你告诉我的最终结果之后，首先给这个数字减去4，再把得到的结果除以4——这时，我得到的结果就是你一开始脑海中所想的数字。

接下来，我们随意举一个例子来验证一下，假如你现在脑海中所想的

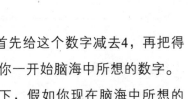

数字是12。

- 第1步：加上1，12 + 1 = 13。

- 第2步：乘以3，13 × 3 = 39。

- 第3步：再加上1，39 + 1 = 40。

- 第4步：加上一开始所想的数字：40 + 12 = 52。

你把最终的结果52告诉我，我先给这个数字减去4，52 - 4 = 48，得到结果再除以4，这样就得到了最终的答案：48 ÷ 4 = 12，和你一开始所想的数字完全一致。

那么这样计算的原因是什么呢？

【回答】其实道理还是很简单的，大家主要是要仔细观察这个计算过程，然后轻而易举就能发现：猜谜的人相当于是先给这个数字扩大4倍之后再加上4。所以想要猜出来一开始的数字，只需要给最终的结果先减掉4，再除以4，就可以准确地得到一开始脑海中所想的那个数字了。

三位数的游戏

【问题】在众多的三位数中，你随意选出一个，不要告诉我这个数字是多少，按照我接下来的要求做就行了：

- 第1步：给这个数字的百位数乘以2，所得到的数值再加上5，这次得到的和再乘以5。

- 第2步：给百位数进行的这一系列计算结果加上最初选择的三位数的

十位部分，再乘以10。

● 第3步：将前面一系列计算的结果再加上最初选择的三位数的个位部分。

你把经过整个计算过程所得到的最终结果告诉我：我能够快速、准确地回答出你最初选的是哪个三位数。

接下来我们举一个例子来说明一下。如果你一开始选择的数字是387，那么按照我的要求，你应该进行如下一系列计算：

$$3 \times 2 = 6$$

$$6 + 5 = 11$$

$$11 \times 5 = 55$$

$$55 + 8 = 63$$

$$63 \times 10 = 630$$

$$630 + 7 = 637$$

这个时候你应该把你得到的最终结果637告诉我，这样我就能够轻而易举地猜测出你一开始选择的数字了。

那么我是怎么顺利地完成这个猜测过程的呢？

【回答】和前面的题目一样，我们首先要认真地研究研究我所要求的整个计算步骤。先是给这个三位数的百位乘以2，然后加上2，然后再乘以10，这样，其实就相当于给这个百位数的百位进行了如下计算：$2 \times 5 \times 10 = 100$。然后是这个百位数十位上的数字乘以10，最后还发现这个百位数的个位部分并没有发生任何变化。所以这样看来，其实我们就是给最开始的百位数加了一个数字，而这个数字是$5 \times 5 \times 10 = 250$。所以，在你告诉我最终的计算结果之后，我给这个最终结果减掉250，就得到你最开始选择的三位数了。

经过这样的运算，大家应该就可以明白了，我们怎样才能准确地猜出其他人心中所想的三位数字，就是给按照这一系列的计算过程之后所得到的最终结果减去250。

我是如何猜中的

【问题】接下来我们再来玩另外一个游戏，同样也是猜数字的游戏，大家可以选择任意的数字，然后我可以猜出来你选择的是哪一个数字。

这里大家要注意两个概念："数字"和"数"，数字是指0～9这10个，而数则能够有无数个，所以大家不要把这两个概念混淆了。好了，你可以在0～9这10个数字中选择任意一个。大家在心中暗自选好，然后牢牢记住你的选择，可以继续了吗？

按照我下面所说的步骤进行：

●第1步：给你选中的数字乘以5，大家一定不要算错误，否则会影响这个游戏的整个进程。

好了吗？

●第2步：好，我们继续，给刚刚得到的结果再乘以2。

完成了吗？

●第3步：再给刚刚得到的乘积加上7。

现在，你得到的结果肯定是一个两位数。

●第4步：把这个两位数的第一位去掉。

去掉了吗？

●第5步：我们接着把剩下的这个数字加上4，得到的和再减去3，给这个差值再加上9。

我上面所说的步骤都完成了吗？

好，那我现在来告诉你最终的结果是多少。

我猜你经过计算之后现在得到的数是17。

对不对？你得到的就是这个数吧！

觉得不可思议还想再玩一次吗？

当然可以！

● 第1步：选数字。

选好了吗？

● 第2步：我们换一个计算步骤，先给这个数字乘以3，得到的乘积再乘以3，把这次得到的乘积再加上你刚刚选择的数字。

● 第3步：给得到的和加上5。

● 第4步：把计算得到的两位数的第一位去掉。

● 第5步：去掉之后给剩下的个位数加上7，再减去3，得到的差值再加上6。

还想让我猜一猜你们现在得到的最终计算结果是多少吗？

我猜是15！

怎么样？我猜的是对的吧。如果你得到的最终结果和我猜的不一样，那就只有一种可能，你肯定是在计算过程中的哪一步算错了。

要不然我们再来尝试一次？来吧！

同样地，先选好数字，我们就要开始了！给你选好的数字先乘以2，再乘以2，得到的乘积再乘一次2。这次得到的乘积加上你刚刚选择的数字，再加一次你刚刚选择的数字，得到的和加上8，然后和前几次一样，把得到的两位数的第一位去掉，剩下的个位数减去3，给这个差值再加上7。

我猜你现在得到的最终结果是12，对不对？

其实，我可以非常自信地说，一定是对的，而且不管我猜多少次，都一定是正确的。那我到底是如果做到准确猜数的呢？

　　大家肯定理解这样一个道理，这个游戏的思路肯定是在我写这本书之前想出来的，那么等你拿到出版之后的这本书的时候，已经是好几个月之后了。所以，我现在所描述的这一切都是在你选择数字之前完成的，也就是说，不管你选的是哪一个数字，我所猜出来的最终的结果都是一样的，不同的数字经过一系列计算竟然可以得到同样的结果，那么这到底是为什么呢？

　　【回答】其实，我觉得你们要是能够细致地研究一下我让你们完成的计算过程，你们应该就能大致地理解我猜出这些数所用的方法是什么了。

　　我给你们具体解释一下：

　　首先，看一下我举的第一个例子，我让你们给选择的数字先乘以5，再乘以2，这也就相当于直接给你所选择的数字乘以10。而你们应该知道数字具有这样一个特征：10乘以任意一个数所得的结果的最后一位数都肯定是0。

　　了解了这个特征之后，要给上一步计算的结果再加上7。这个时候你得到的这个两位数的个位我是可以知道的，就是你刚刚加上去的7，然而我并不知道十位数是多少，所以这个时候我提出的要求是让你把我不知道的十位数去掉，那么现在你所得到的数字是多少呢？是不是7呀！

　　其实，我本来是应该告诉你剩下的这一位数是多少，这样就太容易让你们猜出来了，所以我不动声色地让你们给7再继续进行一些简单的计算，而与此同时，我也会在心里跟着我的要求进行计算，所以我最终告诉你结果是17。

　　其实，不管你一开始选择的数字是多少，去掉十位数之后都是用7在进行计算，所以得到的结果肯定是一样的17。

　　接着，我再来解释第二个例子，这个游戏中我肯定又会换另一个方法，根据我上一个例子的讲解，大家应该已经能推测出来我所使用的方法了吧？

　　一开始，我先让你们给选择出来的数字乘以3，再乘以3，再给计算结果加上你最初选择的数字，那么这次的计算方法又是什么意思呢？

　　你仔细思考一下。其实，这样计算还是相当于给你最初选择的数字乘以10，因为 $3 \times 3 + 1 = 10$。而这样得到的两位数结果中的最后一位肯定还是0，然后接下来的计算要求就和第一个例子一样了：给上一步个位为0的两位数加上一个数字，这时再去掉我不知道是多少的十位数，剩下的这个数字由于我知道是多少，所以只需要进行一些迷惑大家的简单计算即可。

至于第三个例子，根本的思路和上面两个例子都具有异曲同工之处。我让大家先给你所选择的数字乘以2，所得乘积乘以2，再乘以2，然后给这个乘积再加上你最初选择的数字，连续加两次，而这次的计算方法仍旧是相当于给你最初选定的数字乘以10，因为$2×2×2+1+1=10$。而接下来迷惑观众的计算随意进行就好。

听完了我的解释，是不是很兴奋？因为你现在也可以变身成一个魔术师了，不过你只能给没有读过我这本书的同学进行表演。而且，你们现在能够发散思维，举一反三，肯定能够非常顺利地再创造出其他的一些计算方法。

被控制的猜谜者

【问题】大家肯定都有过这样的体会：如果让你去猜别人手中所拿的硬币是什么样子的，你是不是很难猜出来？但是反过来，想要让你猜出来这个硬币不是哪一种类型，是不是就容易多了！

之前我也是这么认为的，直到有一次哥哥让我猜他所拿的硬币之后，我才意识到，其实有时候想要猜不中似乎要更复杂一些。我给大家讲一讲我之前的那次经历吧！那次，我迫不得已答应哥哥成为一个猜谜者。在整个过程中，我都很努力地想要猜错，结果总是事与愿违，我每次都能机缘

巧合地说出正确答案。

有一次，哥哥要我和他一起玩儿一个游戏："我这里拿了一枚硬币，你想猜一猜它是什么吗？"

"我没有玩过，不会猜啊！"

"这个游戏没有什么规则，也不需要你会，你完全按照你心里的想法说出来就好了，这就是唯一的技巧。"

"这样呀！那想要我猜中可就太难了！"

"你要相信我，我一定可以让你猜出来的。我们现在开始吧！"

于是，哥哥把他所拿的硬币装在一个火柴盒里面，并且把火柴盒交给我保管，我把它装在我衣服的口袋里面。

"这个盒子你可要放好啦，到时候猜错了可别赖我，说是我把硬币偷偷换掉了。好，接下来你按照我的思路来猜就好了。首先，我们的硬币有两种材质，你知道吧，分别是铜币和银币，你在这两种里面选一种。"

"可是我根本不知道这个火柴盒里面装的是铜币还是银币呀！"

"没关系的，你随意猜一种就好。"

"好，那我猜是银币吧。"

"那么每种材质的硬币又会分为4种面值：50戈比、20戈比、15戈比和10戈比。你选出2种面值的硬币。"

"我该怎么选呢？"

"我一开始就说啦，根据你心里的想法，任意选2个就行。"

"好，那我就选20戈比和10戈比。"

哥哥引导我继续回答："除去你刚刚选择的两个硬币之后，我们还剩什么呢？是不是只有50戈比和15戈比了，那么你再从这两个里面选择一个吧。"

我毫不犹豫地说："15戈比的那一个。"

"拿出火柴盒，看看火柴盒里面是哪一个硬币吧。"

我拿出火柴盒，打开之后极其惊讶，因为那枚硬币正是我最后猜出来的15戈比银币。

我缠着哥哥问道："这不科学呀，我全程都只是顺着你的思路来进行，都是想说什么就说什么，根本没有经过自己的思考呀，我怎么可能猜出来呢？"

"我一开始就和你说了，这个游戏没有什么会不会之分，都是可以猜出来的，所以你现在知道其实想要猜错，反倒是更困难一些吧。"

"我不相信，我要再尝试一次，我肯定会猜错的！"

然后哥哥继续和我玩了3次这个游戏，在接下来的第二次、第三次、第四次游戏中，我都毫无例外地猜出来了哥哥所藏的硬币是什么。我竟然拥有如此神奇的猜谜技能，这让我十分纳闷，然而，哥哥告诉了我其中的"奥秘"之后，我才恍然大悟……

这其中的"奥秘"是这样的——其实大家应该也能够看出来这其中的问题所在了吧？如果你还不是很理解的话，等我接下来给大家仔细讲解一番。

【回答】这个猜谜技巧实在是简单到让人无法相信！而我能够被这种荒谬幼稚的游戏骗到，也真是够傻的。接下来大家就听我解释一下，我到底是如何在哥哥的"引导"下猜出15戈比的。

首先，哥哥让我选择铜币还是银币，我这时是纯粹碰巧地选择了银币，后来我知道，即使这一步我没有选择银币，哥哥也不会表现出任何的慌乱，因为接下来他会这样引导我："你选择了铜币，那么我们现在剩下没有选的就是银币了，对不对？"之后他就又会把银币有哪些给我全部列举出来，接下来他会通过这种引导，让我选择那4枚硬币中的其中一个，当然，他肯定是不会让我选出15戈比的那枚硬币。一直到最后，他才会心平气和地问我："你看看现在是不是只剩下两枚硬币没有被选过了？好，就只剩下20戈比和15戈比了。"

总而言之，在这整个的猜谜过程中，不管我选择的是哪枚硬币，选的正确与否，哥哥都会随机应变，通过各种思路给我引导到一条通往正确答案的路上去，所以他就是通过这种方法来让我猜出他提前准备好的硬币的。

惊人的记忆

A. 24020	B. 36030	C. 48040	D. 540050	E. 612060
A.1. 34212	B.1. 46223	C.1. 58234	D.1. 610245	E.1. 712256
A.2. 44404	B.2. 56416	C.2. 68428	D.2. 7104310	E.2. 8124412
A.3. 54616	B.3. 66609	C.3. 786112	D.3. 8106215	E.3. 9126318
A.4. 64828	B.4. 768112	C.4. 888016	D.4. 9108120	E.4. 10128224
A.5. 750310	B.5. 870215	C.5. 990120	D.5. 10110025	E.5. 11130130
A.6. 852412	B.6. 972318	C.6. 1092224	D.6. 11112130	E.6. 12132036
A.7. 954514	B.7. 1074421	C.7. 1194328	D.7. 12114235	E.7. 13134142
A.8. 1056616	B.8. 1176524	C.8. 1296432	D.8. 13116340	E.8. 14136248
A.9. 1158718	B.9. 1278627	C.9. 1398536	D.9. 14118445	E.9. 15138354

【问题】有的时候，观众会对魔术师超乎寻常的记忆力而感到非常吃惊，人们非常讶异他们是如何记住那些又长又多的单词或者数字串的。

其实这其中的道理非常简单，只要掌握了其中的技巧，你也能够表演这样的魔术，展示出你惊人的记忆力，而不懂缘由的同学们一定也会惊讶不已。接下来，我来告诉你们这个游戏到底是如何表演的。

首先，准备好50张卡片，然后将数字和字母按照左面的表格写在刚刚准备的卡片上面。然后你们可以看到，每一张卡片的拉丁字母和数字编号位于左上角，与此同时，卡片上还有一长串数字。各位同学接下来会被随机分发到一张卡片，然后告诉同学们你可以记住他们每一个人所拿到的卡片上的数字，只要他们告诉你卡片的编号是多少，你就能快速、准确地说出数字串。举一个例子，如果有人说出的编号是"E.4."，那么你就能够马上说出来是"10128224"。

你想一想，总共有50张卡片，每一张上面的数字都还很长，所以他们一定也会非常惊讶，你竟然能够表演这样的魔术。

事实上，你完全不需要背诵这50个长串数字，因为原理非常简单。那么，这个魔术的表演到底需要具有怎样的技巧呢？

【回答】其中的秘诀是这样的：同学们向你说出的编号中的字母和数字，就已经向你暗示了这张卡片上面的数字是多少。

不过，你需要提前了解这些信息，我们让字母A表示20，B表示30，C表示40，D表示50，E表示60。

我们用每个字母所表示的数字，加上编号中的数字，表示一个数。比如，A.1.表示的就是21，C.3.就是43，E.5.就是65。

之后再通过一系列简单的计算规则，你就能够通过这些数字推测出来卡片上的长数字串是多少了。那么具体需要进行怎样的计算过程呢？我们下面举一个例子来解释说明。

就拿上面所说的"E.4."这个编号来说吧，根据刚才字母对应的数，E.4.表示的应该是64。

那么接下来用64完成下列计算步骤：

● 第1步：将这个两位数的个位和十位相加：$6+4=10$。

● 第2步：将这个两位数乘以2：$64×2=128$。

● 第3步：用这个两位数中较大的数字减去小的：$6-4=2$。

● 第4步：将这个两位数的两个数字相乘：$6×4=24$。

经过这4个步骤之后，把运算结果按照计算顺序依次写出来就得到了最终的结果：10128224。

而这个结果就恰巧是编号为E.4.的卡片上所写的数。

所以如果想要猜出卡片上的长数字串，在得知编号之后，你只需要进行

如下四步计算：＋2－×，也就是加、乘以2、减、乘。

我们接下来再举几个例子来验证一下这个做法的普适性：

问题：如果编号是D.3.，那么这张卡片上的数是多少？

D.3.＝53

5＋3＝8

53×2＝106

5－3＝2

5×3＝15

把四步运算结果按照计算顺序依次写出来就是8106215，所以这就是编号是D.3.卡片上的数。

问题：如果编号是B.8.，那么这张卡片上的数是多少？

B.8.＝38

3＋8＝11

38×2＝76

8－3＝5

8×3＝24

把四步运算结果按照计算顺序依次写出来就是1176524，所以这就是编号是B.8.卡片上的数。

在你表演这个魔术的过程中，你可以在心中默默地进行每一步计算，与此同时神情自然地说出每一步的计算数字，或者用粉笔在黑板上慢慢地写出每一步的计算结果，最终组成长数字串，这样可以给你减少一些表演难度。

而且这个魔术表演起来实在是太神奇了，观众想要猜出来你的表演技巧简直是天方夜谭。